摄影师的后期必修课

潘晓恩——著

RAW格式篇

人民邮电出版社
北京

图书在版编目（CIP）数据

摄影师的后期必修课. RAW格式篇 / 潘晓恩著. -- 北京 : 人民邮电出版社, 2024.7
ISBN 978-7-115-64392-6

Ⅰ. ①摄… Ⅱ. ①潘… Ⅲ. ①图像处理软件－教材 Ⅳ. ①TP391.413

中国国家版本馆CIP数据核字(2024)第093297号

内 容 提 要

想要修出好照片，精通数码摄影后期处理技术是必不可少的。本书系统全面地介绍了如何使用Adobe Camera Raw（ACR）对照片进行后期处理，旨在帮助读者掌握后期修饰技巧，打造出富有表现力的影像作品。

本书首先详细介绍了ACR的实用功能、高级用法、分区域调整等内容，通过详细的案例演示，帮助读者学习如何有效地运用这些功能来优化照片；接着深度解析了制作低饱和度效果、制作唯美人文人像、打造城市夜景高级色调、制作黑白影像等的调修思路和实战技法，让读者能够深入理解并综合运用书中介绍的诸多技巧；最后，本书通过创、变、换、妙这4个主题的经典实战案例，展示了如何应用ACR进行创意表达，希望读者可以借鉴其中的经验，更好地掌握ACR的核心技巧与高级应用。

本书内容翔实，案例丰富，无论是专业修图师，还是普通的摄影后期爱好者，都可以通过本书轻松玩转Camera Raw，迅速提高影像作品的后期处理水平。

◆ 著　　　　潘晓恩
责任编辑　张　贞
责任印制　周昇亮

◆ 人民邮电出版社出版发行　　北京市丰台区成寿寺路 11 号
邮编　100164　　电子邮件　315@ptpress.com.cn
网址　https://www.ptpress.com.cn
北京九天鸿程印刷有限责任公司印刷

◆ 开本：690×970　1/16
印张：15.25　　2024 年 7 月第 1 版
字数：265 千字　　2024 年 7 月北京第 1 次印刷

定价：89.80 元

读者服务热线：(010)81055296　印装质量热线：(010)81055316
反盗版热线：(010)81055315
广告经营许可证：京东市监广登字 20170147 号

序

“达盖尔摄影术”自1839年在法国科学院和艺术院正式宣布诞生后，其用摄影捕捉、定格瞬间的能力一直让人着迷。某种程度上，摄影的核心是对摄影人内在感知的转化——围绕日常事物、自然环境、新闻等命题展开创作，对看得见的、看不见的，以及形而上的一种诠释。不同的作品也体现了摄影人个体性、差异性的价值观。

在数字时代，几乎每个人都拥有一部带有摄像头的智能手机，出于对外在的感知、思考和记录，不管创作和传播的技术如何发展，摄影的基本行为和摄影存在的基本理由似乎让我们所有人都成为了“摄影师”。

然而，就创作手段而言，简单地复刻外在场景难以达到深刻的情感共鸣。事实上，无论是纪实新闻，还是艺术题材，摄影从来都不是简单的“再现”。摄影创作，永远与艺术家的想象力、创造力、价值观密不可分！在摄影创作中，个体化的视觉经验和生活体验是摄影创作图式语言的渊源，而又因个体性的差异形成了摄影艺术形态的多样性，呈现出各尽其美的面貌。

摄影是一个用眼睛去看，用心去感受，通过快门与后期调整更直观地体现作者的内心，从而引发观者共情的创作过程。摄影创作更应该注重“感知的转化和感知的长度”，对更深程度的感知进行发掘。优秀的摄影作品不一定是描述宏大场景的壮阔与悲壮，但一定会与每个人的平凡生活产生共鸣。这些作品源自作者对外在世界的感受和理解，然后通过摄影语言呈现给观者，从而让观者产生情感、内心视觉的共情，形成陌生而熟悉的体验。作者的感受和理解越深刻，作品的感染力就越强。归根结底，所谓摄影，即找到能触动自己的、自己最想要表达的情感世界，并通过画面传达给观者。

十余年历程，十余年如斯，大扬影像始终以不变的初心，探索摄影前沿趋势，重视和扶持摄影师的成长，认同美学与思想兼具的作品。春华秋实，大扬影像汇聚各位大扬人，以敏锐的洞察力及精湛的摄影技巧，为大家呈现出一套系统、全面的摄影系列图书，和各位读者一起去探讨摄影的更多可能性。摄影既简单，又不简单。如何用各自不同的表达方式，以独特的视角，在作品中呈现自己的思考和追问——如何创作和成长？如何深层次表达？怎样让客观有限的存在，超越时间和空间，链接到更高的价值维度？这是本系列图书所研究的内容。

系列图书讨论的主题十分广泛，包括数码摄影后期、短视频剪辑、电影与航拍视频制作，以及 Photoshop 等图像后期处理软件对艺术创作的影响，等等。与其说这是一套摄影教程，不如说这是一段段摄影历程的分享。在该系列图书中，摄影后期占了很大一部分，窃以为，数码摄影后期处理的思路比技术更重要，掌握完整的知识体系比学习零碎的技法更有效。这里不是各种技术的简单堆叠，而是一套摄影后期处理的知识体系。系列图书不仅深入浅出地介绍了常用的后期处理工具，还展示了当今摄影领域前沿的后期处理技术；不仅教授读者如何修图，还分享了为什么要这么处理，以及这些后期处理方法背后的美学原理。

期待系列图书能够从局部对当代中国摄影创作进行梳理和呈现，也希望通过多位摄影名师的经验分享和美学思考，向广大读者传递积极向上、有温度、有内涵、有力量的艺术食粮和生命体验。

杨勇

2024 年元月

福州上下杭

前言

如今数字图像处理技术已经成为摄影和设计领域不可或缺的一部分。随着相机和智能手机等设备的普及，大多数人每天都会拍摄大量的照片，并希望能够通过后期处理使其更加出色。ACR 作为一款强大而专业的图像处理工具，为我们提供了丰富的功能，让我们能够对照片进行调整和优化。

然而，对于许多初学者来说，ACR 的用法可能显得有些复杂，并且难以掌握。面对众多的选项和参数，他们可能会感到困惑，甚至不知道从何处入手。对于有一定经验的设计师和摄影师来说，他们可能会遇到一些技术上的瓶颈，希望能够进一步提升自己的图像处理水平。

正是基于对这些需求的认识和理解，作者撰写了本书。本书旨在为读者提供一份系统而实用的指南，帮助读者更好地掌握 ACR 的核心功能与高级用法。

希望通过对本书的学习，读者能够更加熟练地运用 ACR 进行图像处理，创作出令人赞叹的作品。同时，我们也希望本书能够激发读者对图像处理的兴趣，引导读者探索图像处理的更多可能性，能够以更高的技术水平展现自己的创意和才华！

作者

2024 年 5 月

目录

第 1 章　初识 ACR 14.0

ACR（全称为 Adobe Camera Raw）是 Adobe 公司开发的一款专业级图像处理软件，用于对图像进行非破坏性的后期处理。ACR 是许多设计师和摄影师常用的工具之一，它与 Photoshop 等软件紧密结合，可以直接在 Photoshop 中打开和使用。

ACR 的主要功能如下。

RAW 格式支持。ACR 主要用于对用数码相机拍摄的 RAW 格式图像进行处理。RAW 格式图像是指数码相机拍摄的未经任何处理的原始图像，包含了数码相机感应器捕捉到的所有信息。相比于 JPEG 格式图像，RAW 格式图像可以提供更丰富的原始数据，并且能够进行更多的细节调整和修复。

色彩和白平衡调整。ACR 提供了丰富的色彩调整工具，可以对曲线、色阶、饱和度、色相等进行调整，精确表现图像的色彩。此外，ACR 还提供了白平衡调整工具，可将其用于校正图像的色温和色调，确保图像呈现真实的色彩。

曝光和对比度优化。ACR 具有曝光和对比度调整功能，可以通过调整亮度、曝光补偿、黑白点等参数来优化图像的整体亮度和对比度。这一功能可以帮助修复曝光不足或曝光过度的图像，并使图像更加生动和有吸引力。

图像细节调整。ACR 还提供了高级的图像细节调整工具，包括锐化、降噪、去色差、调节局部对比度等功能。这些工具可以提高图像的清晰度，增加细节和纹理，减少噪点和色彩偏差，提升图像质量。

调整历史记录和批处理功能。ACR 可以记录所有的调整操作，形成调整历史记录，以便用户随时修改和撤销操作。此外，ACR 还支持批处理，可以对一组图像进行相同的调整，从而提高处理效率。

修饰和变换。除了基本的调整工具，ACR 还提供了一系列高级的修饰和变换工具，如修复工具、刷子、梯度工具等。这些工具可以用于修复缺陷、消除杂音、局部调整、添加滤镜效果等，实现更精细的图像处理和创意表达。

总而言之，ACR 是一款功能丰富、专业级别的图像处理软件，可以对 RAW 格式图像进行全面而精确的调整和处理。它提供了众多的工具和高级功能，可以帮助用户优化图像的色彩、曝光、对比度等方面，从而获得所需的图像效果。

1.1 功能介绍

本书将以 ACR 14.0 为例，讲解 ACR 的一些实用功能。第一个功能是已重设蒙版，如图 1-1 所示，其用于在新蒙版列表中组织局部调整，同时组合了多个工具，可以创建更复杂、更精准的选区。该功能组合了画笔、渐变滤镜、径向滤镜等多个工具，能创建更加精准的选区。

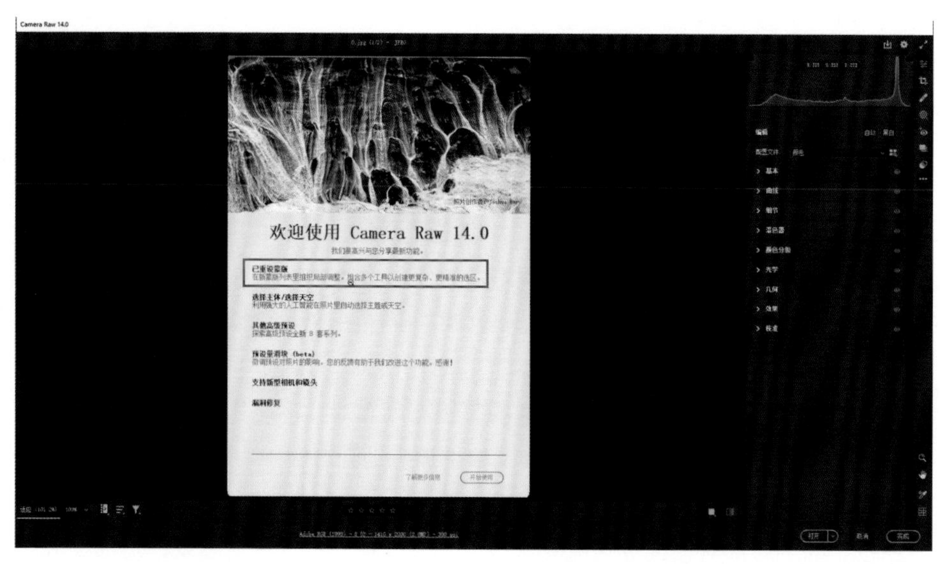

图 1-1

第二个功能是选择主体 / 选择天空，如图 1-2 所示，其利用强大的人工智能，在照片里自动选择主体和天空，从而创建更加精准的选区，这是之前版本的 ACR 没办法做到的。这个功能可使用户在 ACR 14.0 中的操作更加精准、简单，不像在 PS 中那么复杂。

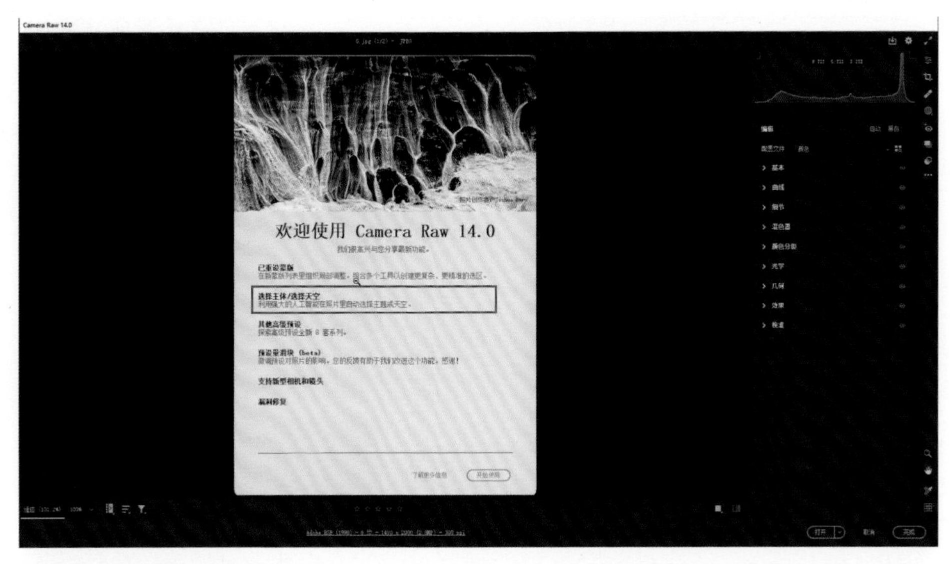

图 1-2

ACR 14.0 更新了 8 套预设，这些预设可以实现一些不错的效果。此外，ACR 14.0 新增预设量滑块，并支持新型相机和镜头，还修复了一些漏洞，如图 1-3 所示。

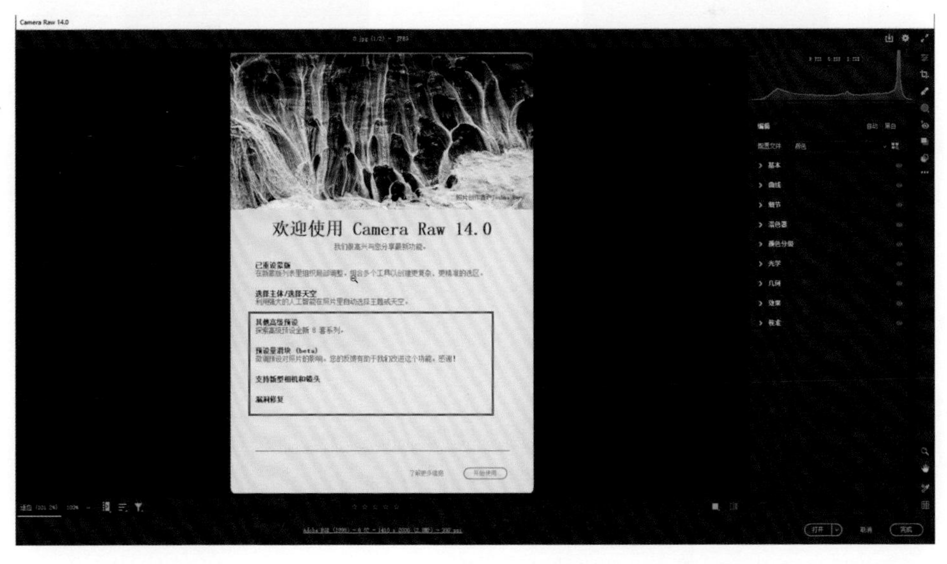

图 1-3

可以看到，在 ACR 14.0 版本的工具栏中没有画笔工具及两个渐变工具，如图 1-4

所示。

将鼠标指针移至工具栏中从上往下数第四个按钮上时，会出现“蒙版”二字及相关文字说明，如图 1-5 所示。在 ACR 中，有些按钮右下角有一个小三角形，这意味着单击该按钮可以展开其选项列表。

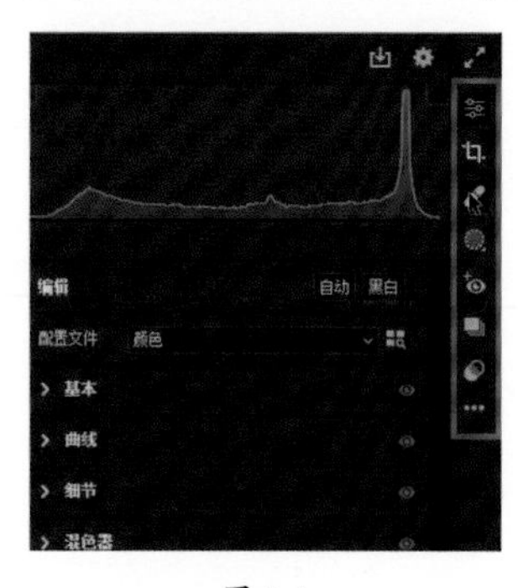

图 1-4

图 1-5

单击“蒙版”按钮，可以看到“创建新蒙版”下方是“选择主体”“选择天空”选项，如图 1-6 所示。

接下来是熟悉的“画笔”“线性渐变”“径向渐变”选项，如图 1-7 所示。

图 1-6

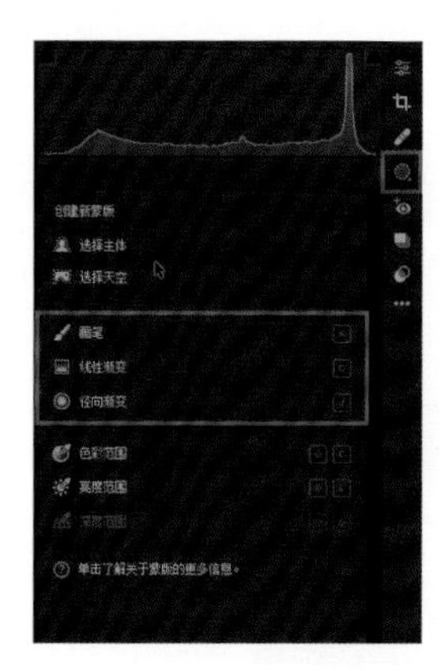

图 1-7

紧接着是“色彩范围”“亮度范围”选项，如图 1-8 所示。

运用这 7 个调整工具可以创建更加精准、更加复杂的选区，从而使操作更加精准。单击“问号”图标可以了解关于蒙版的更多信息，单击“开始演示”按钮即可观看选择主体和天空、组合蒙版工具、选择颜色和明亮度的操作演示，大家有时间可以观看一下，在这里我们就选择“亲手尝试”，如图 1-9 所示。

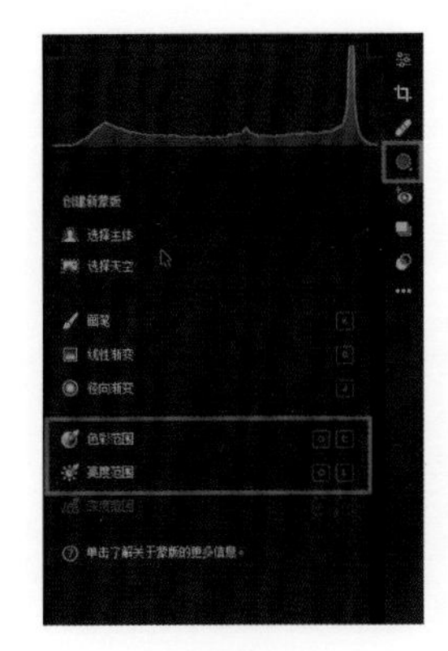

图 1-8

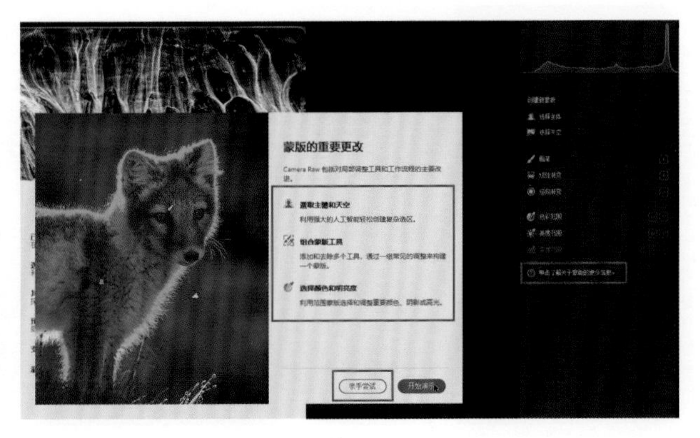

图 1-9

1.2 实战案例

打开一张照片，先在“基本”面板中做大致调整，如图 1-10 所示。

图 1-10

利用画笔工具提亮部分区域

单击“蒙版”按钮，选择“画笔”选项，如图 1-11 所示。

可以看到“创建新蒙版”调整命令，如图 1-12 所示。

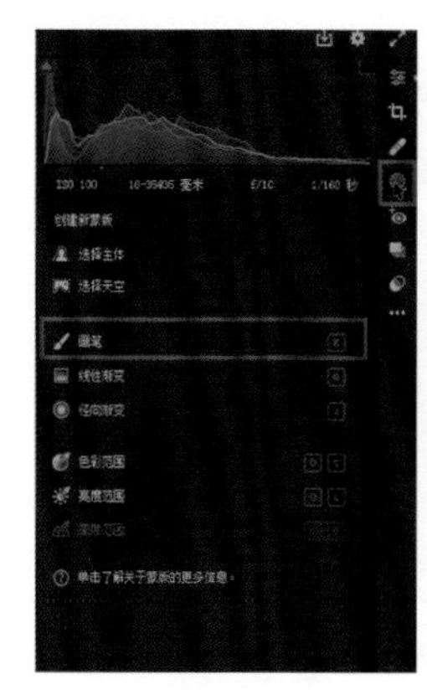

图 1-11

图 1-12

要提亮中间区域，就要调整“曝光”和“色温”的值，如图 1-13 所示。

蒙版 1 就是用画笔工具创建的，其下方有“添加”和“减去”按钮，单击“添加”按钮，就可以看到相应的操作选项，如图 1-14 所示。

图 1-13

图 1-14

利用径向渐变工具降低亮度

可以再次添加画笔工具，也可以选择添加线性渐变工具和径向渐变工具，这是在蒙版 1 中添加的操作，如图 1-15 所示，也就是可以交叉使用工具进行调整。

如果觉得中间区域太亮了，可以利用径向渐变工具降低亮度。单击“减去”按钮，选择“径向渐变”选项，如图 1-16 所示。

图 1-15

图 1-16

使用“径向渐变”工具将太亮的区域圈出，如图 1-17 所示。

图 1-17

当然这个操作还是在蒙版 1 中进行的，如图 1-18 所示。

利用线性渐变工具压暗天空

如果要改变其他区域的亮度，需要创建新蒙版，如图 1-19 所示。

图 1-18

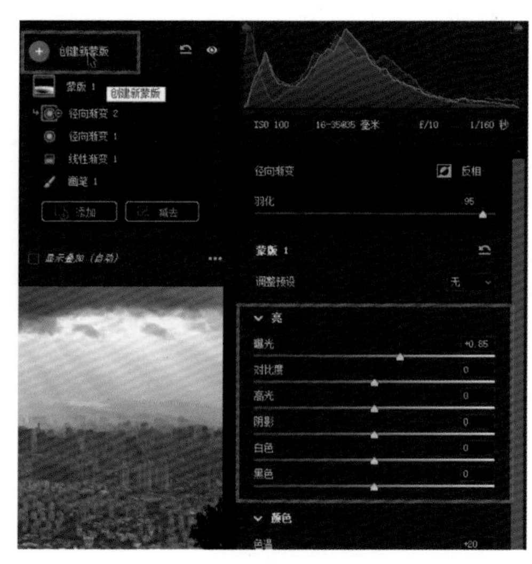

图 1-19

比如想要压暗天空，就需要单击“创建新蒙版”按钮，选择“线性渐变”选项，如图 1-20 所示。

把参数复位，如图 1-21 所示。

图 1-20

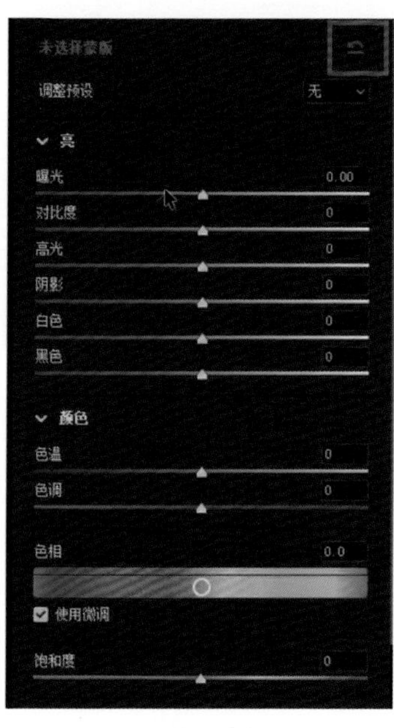

图 1-21

降低“曝光”和“色温”的值，即可压暗天空，因为这是重新创建了一个蒙版，所以出现了蒙版 2，如图 1-22 所示。

图 1-22

重命名蒙版

单击蒙版 1 后面的“更多选项”按钮，选择“重命名”选项，如图 1-23 和图 1-24 所示。

图 1-23

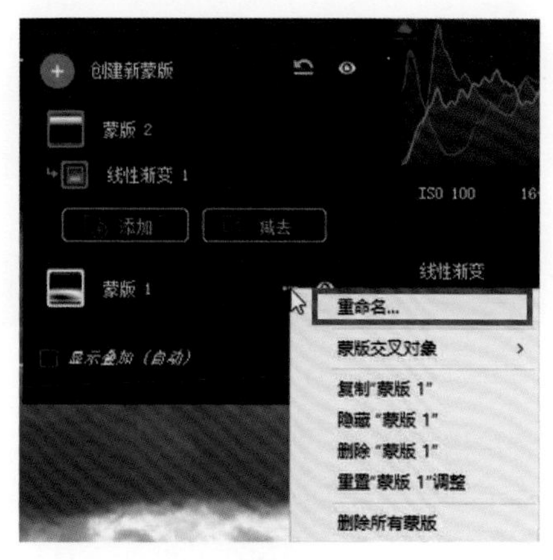

图 1-24

因为蒙版 1 用画笔工具提亮了中间区域，所以为了能够直接显示蒙版的工具和作用，可以将蒙版 1 重命名为“画笔提亮”，如图 1-25 所示。

蒙版 2 是为了压暗天空而创建的，所以可以重命名为“渐变天空压暗”，表明是用线性渐变工具将天空压暗了，如图 1-26 所示。

利用画笔工具涂抹云

如果觉得压暗天空后云变得不太明显了，可以单击“减去”按钮，选择“画笔”选项，然后涂抹云，如图 1-27 和图 1-28 所示。

图 1-25

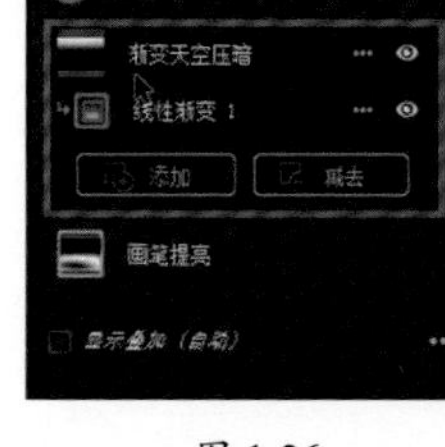

图 1-26

图 1-27

蒙版的调整框可以随意拖动，建议大家将其拖动到如图 1-29 所示的这个区域，以免影响画面的其他部分。

图 1-28

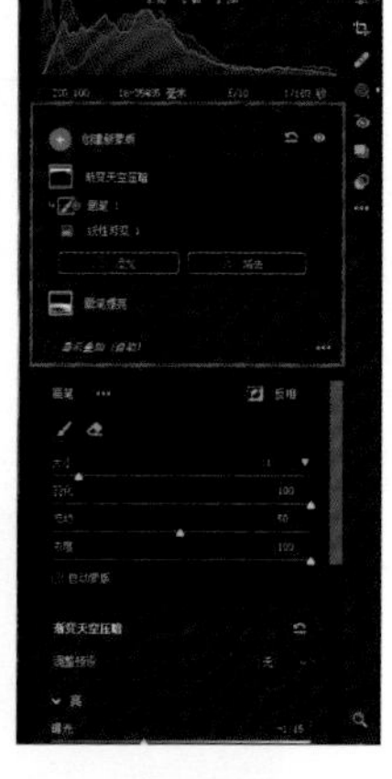

图 1-29

叠加模式

选中“显示叠加”复选框，如图 1-30 所示，随后画面中会出现红色区域，这个红色区域就是之前利用线性渐变工具压暗的区域。

图 1-30

单击颜色按钮右边的“更多选项”按钮，会出现蒙版显示叠加的一些模式，其中只有“颜色叠加”和“白色叠加于黑色”（见图 1-31）这两种模式能够使选区更清晰可见。

选择“白色叠加于黑色”模式，效果如图 1-32 所示，这里“显示叠加”复选框是勾选状态。

图 1-31

图 1-32

选择“颜色叠加”模式，单击“蒙版 1”，就会显示蒙版 1 的红色选区，如图 1-33 所示。

图 1-33

通常要取消勾选“显示叠加”复选框，才能在调整参数的时候直接看到画面的变化，如图 1-34 所示。

图 1-34

单击如图 1-35 所示的按钮可以切换每个蒙版调整的可见性。

图 1-35

第 2 章　选择主体和选择天空

本章介绍 ACR 14.0 中的选择主体和选择天空功能。

在 ACR 14.0 中，选择主体和选择天空是两个新的功能，用于快速选择照片中的主体和天空。

这两个功能都使用了 Adobe Sensei 技术，可以智能识别照片中的主体和天空，并将其选中，从而帮助我们节省大量的时间和精力，更加高效地进行照片编辑和后期处理。

下面通过具体案例来讲解选择主体和选择天空功能的使用技巧。

单击“蒙版”按钮，就会出现“选择主体”“选择天空”选项，如图 2-1 所示。

图 2-1

2.1　实战案例一

本案例调整前后效果如图 2-2 和图 2-3 所示。

图 2-2

图 2-3

整体调整色调

在进行选择主体和选择天空的操作之前，我们可以先在“基本”面板中对照片整体的色调进行调整，具体操作为先单击“自动”按钮，再调整下方的滑块，如图 2-4 所示。

图 2-4

利用选择主体功能对人物进行调整

整体调整之后单击“蒙版”按钮，单击“选择主体”选项，如图 2-5 所示。

强大的人工智能会识别出人物，图 2-6 中的红色区域就是人工智能识别出的主体人物。

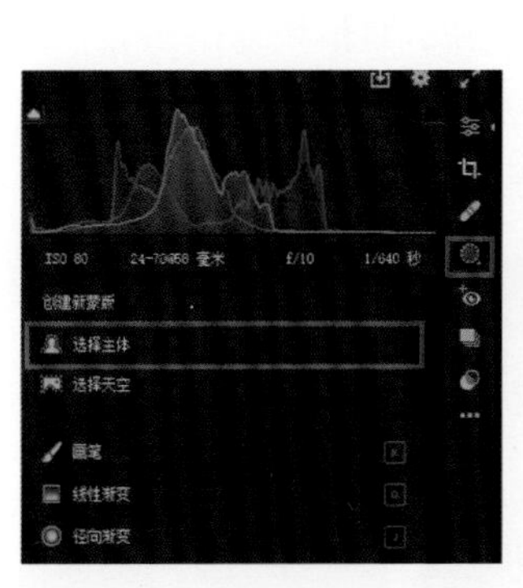

图 2-5

图 2-6

通过对“曝光”的控制以及对“阴影”的调整，单独针对人物进行处理，如图 2-7 所示。

图 2-7

图 2-8

利用选择天空功能将天空变蓝

单击“创建新蒙版”，然后单击“选择天空”选项，人工智能会识别出天空，随后会出现一个标志，标明天空部分，如图 2-8 和图 2-9 所示，单击“重置‘蒙版 1’调整”按钮，将滑块复位。

前面选择的主体人物上会出现一个标志，标明人物部分，如图 2-10 所示。

图 2-9

图 2-10

要使天空更蓝，就要调节“曝光”和“色温”的值，提高“曝光”值，降低“色温”值，如图 2-11 所示。

图 2-11

2.2　实战案例二

本案例调整前后效果如图 2-12 和图 2-13 所示。

图 2-12

图 2-13

利用选择主体功能对人物进行调整

前面的案例中在选择主体的时候，人物可能相对比较好选中，那么我们来看一下如图 2-14 所示的照片能否通过选择主体功能将人物选中。

图 2-14

我们可以看到图 2-15 中的选区也相对比较精准，当然有一些头发丝选择得还不是特别精准，但是不会影响整体的调整。

这是通过调整“曝光”和“高光”的值针对人物进行处理，如图 2-16 所示。

图 2-15

图 2-16

压暗背景

这时再次利用选择主体功能选中人物，然后单击“反相”按钮，如图 2-17 所示。

图 2-17

这样就可以调整背景了，也就是人物以外的区域，单击“重置‘蒙版 2’调整”按钮，然后通过调整各相关参数将背景压暗，如图 2-18 所示。

图 2-18

整体调整色调

返回“基本”面板，再对整体画面进行适当调整，如图 2-19 所示。

图 2-19

2.3　实战案例三

本案例调整前后效果如图 2-20 和图 2-21 所示。

图 2-20

图 2-21

整体调整色调

在“基本”面板中对照片进行大致调整，先单击“自动”按钮，然后调整下方的滑块，如图 2-22 所示。利用选择天空功能，我们同样能够精准地选中天空倒影，具体操作为先单击右侧工具栏中的“蒙版”按钮，然后单击“创建新蒙版”按钮，从弹出的下拉菜单中选择“选择天空”，即可得到天空选区的蒙版，如图 2-23 所示。

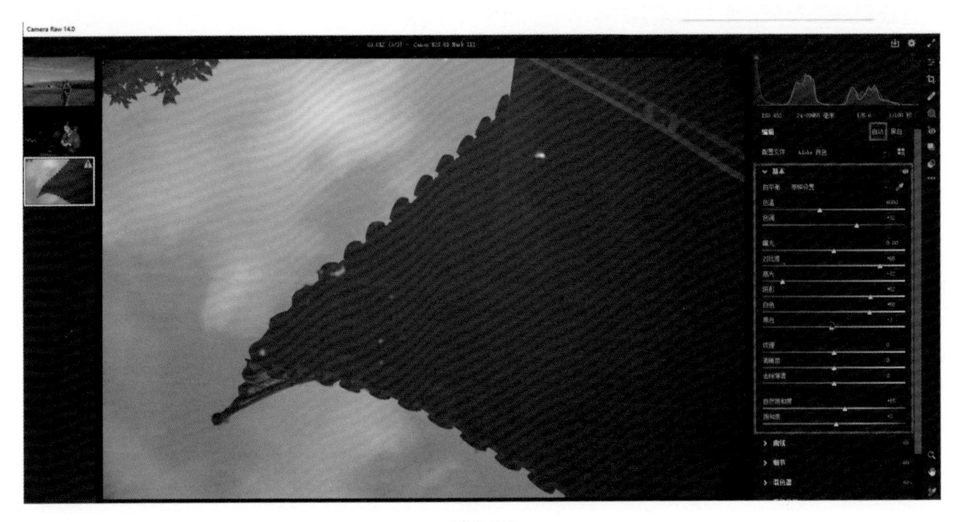

图 2-22

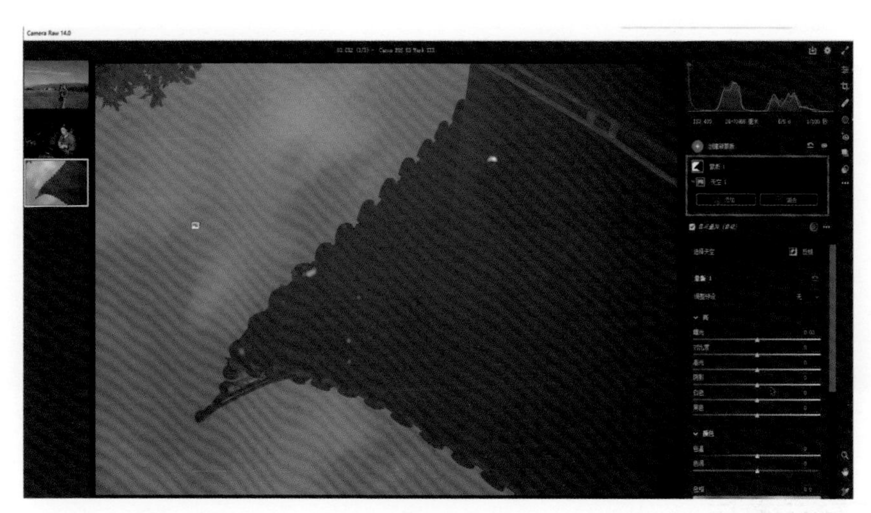

图 2-23

应用选择天空功能打造冷色调

调整相关参数，将选中的天空倒影打造成冷色调，如图 2-24 所示。

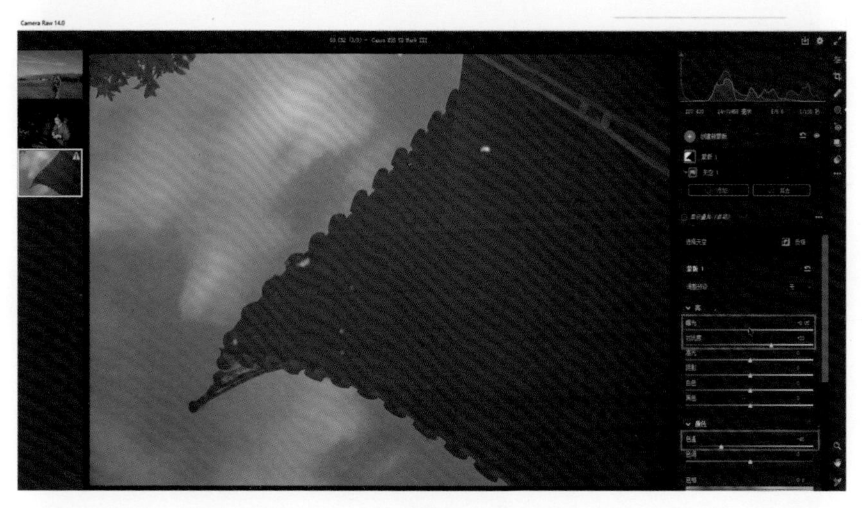

图 2-24

将建筑倒影打造成暖色调

可以观察到建筑倒影的颜色比较深，再次利用选择天空功能选中天空倒影，如图 2-25 所示，然后单击“反相”按钮，这样就可以选中建筑倒影了，接着单击“重置‘蒙版 2’调整”按钮，如图 2-26 所示。

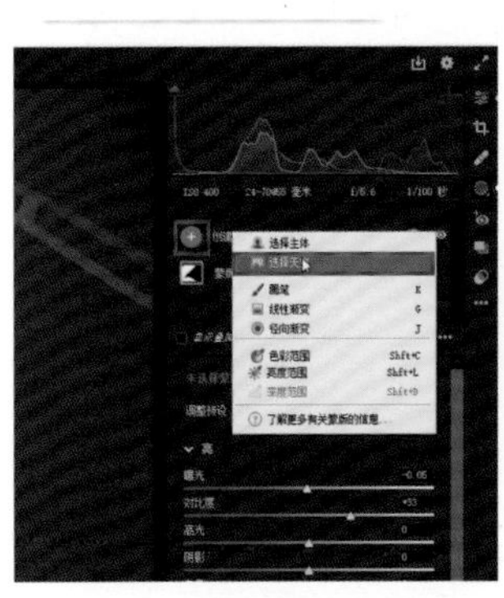
图 2-25

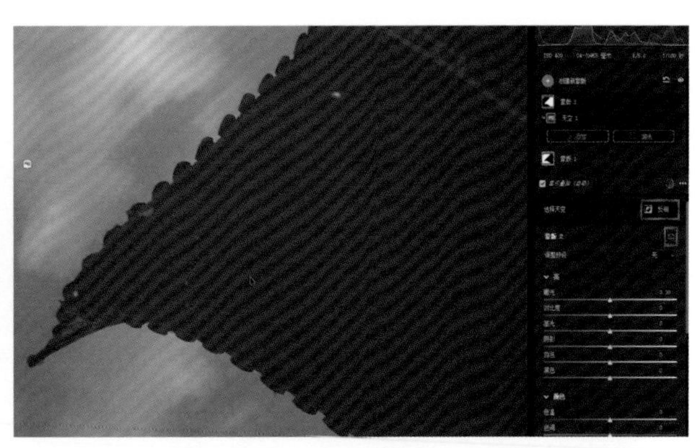
图 2-26

我们可以调整相关参数，打造明暗反差，增强冷暖色调的对比，如图 2-27 所示。

图 2-27

降低建筑倒影的饱和度，如图 2-28 所示。

图 2-28

观察实战案例一，这张照片的主体需要更加突出，此时我们可以再次利用选择主体功能，然后单击“反相”按钮，如图 2-29 所示。

图 2-29

把前面调整过的参数复位，微调“曝光”值，不勾选“显示叠加”复选框，即可压暗整个背景，如图 2-30 所示。

图 2-30

略微降低“饱和度”，如图 2-31 所示。

图 2-31

返回“基本”面板进行整体调整，保持主体人物和背景的色调一致，如图 2-32 所示。

图 2-32

第 3 章　色彩范围和亮度范围

本章介绍 ACR 14.0 中的色彩范围和亮度范围。

色彩范围和亮度范围是 ACR 14.0 中用于选择和调整特定颜色和亮度区域的工具，可以对选定的区域进行有针对性的色彩和明亮度调整，从而达到更理想的后期处理效果。

单击“选择颜色范围”按钮，然后在照片中单击你想要选择的颜色区域，色彩范围工具会自动识别并选取该颜色区域。你可以利用该工具来选择单个或多个颜色区域，并对其进行调整。

单击“选择明亮度范围”按钮，然后在照片中单击你想要选择的亮度区域，亮度范围工具会自动识别并选取该亮度区域。你可以使用该工具来选择明亮区域或暗区域，并对其进行亮度调整。

3.1　实战案例一

本案例调整前后效果如图 3-1 和图 3-2 所示。

图 3-1

图 3-2

整体调整色调

进入“基本”面板，进行简单的参数调整，如图 3-3 所示。

图 3-3

几何校正并裁剪

这张照片中的天空镜像无法通过选择天空功能直接调整成蓝色，所以需要运用色彩范围工具来调整。在运用色彩范围工具之前，需要对这张照片进行几何校正和裁剪，可以先尝试一下自动校正，如图 3-4 所示。

图 3-4

然后单击右侧工具栏中的“裁剪”按钮，在照片的任意位置单击鼠标右键，从弹出菜单中选择“长宽比”—“1 × 1”，使用方形构图对照片进行裁剪，如图 3-5 所示。

图 3-5

裁剪图之后可以看到窗户还是有点歪，此时可以手动进行校正，如图 3-6 所示。

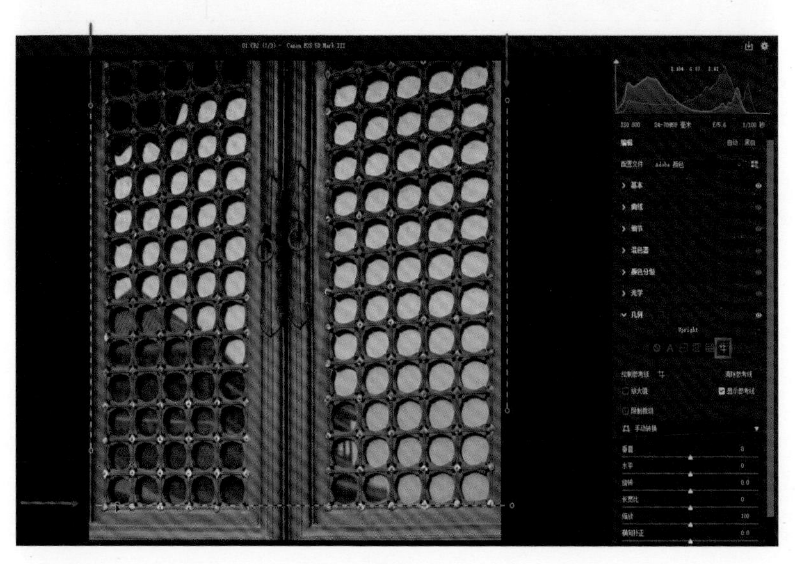

图 3-6

利用色彩范围工具将天空镜像打造成冷色调

单击“蒙版”按钮，选择“色彩范围”，如图 3-7 所示。

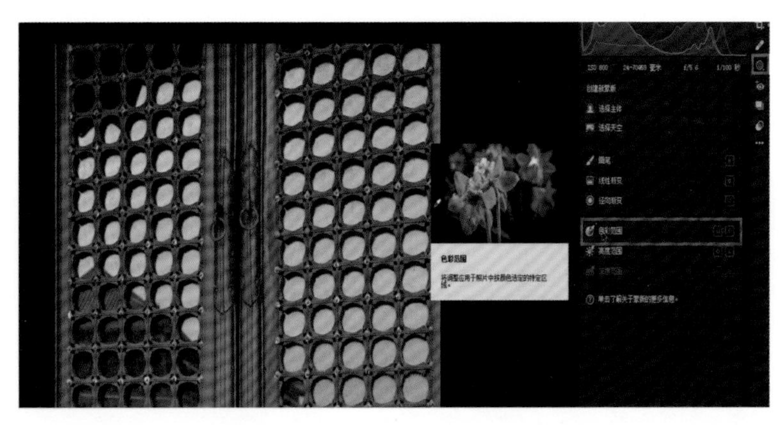

图 3-7

此时鼠标指针会变成吸管形状，然后单击需要调整色彩的区域，如图 3-8 所示。

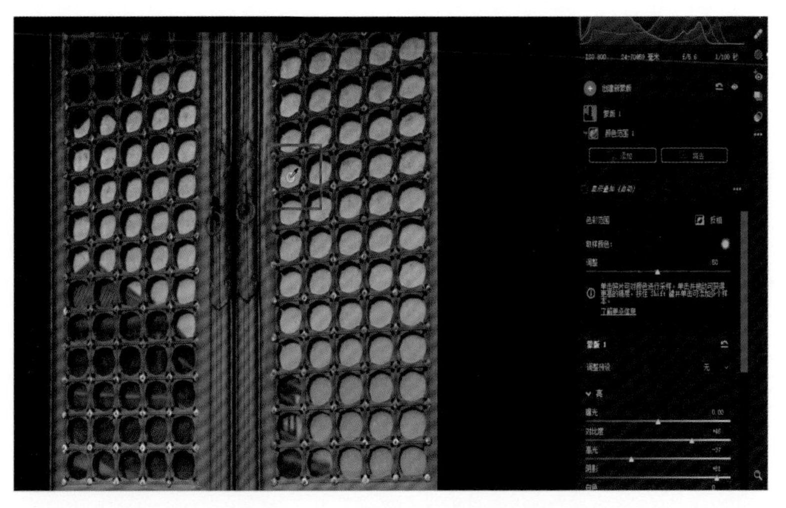

图 3-8

把参数复位，把蒙版叠加颜色改为绿色，这样能更清晰地看到选区范围，如图 3-9 所示。

我们还可以调整选区范围，比如将“调整”的值调至 100 后，可以看到照片中的建筑镜像也被选中了，如图 3-10 所示。

但是此处的建筑镜像不需要选中，所以把“调整”的值调回至 50 左右，如图 3-11 所示。

图 3-9

图 3-10

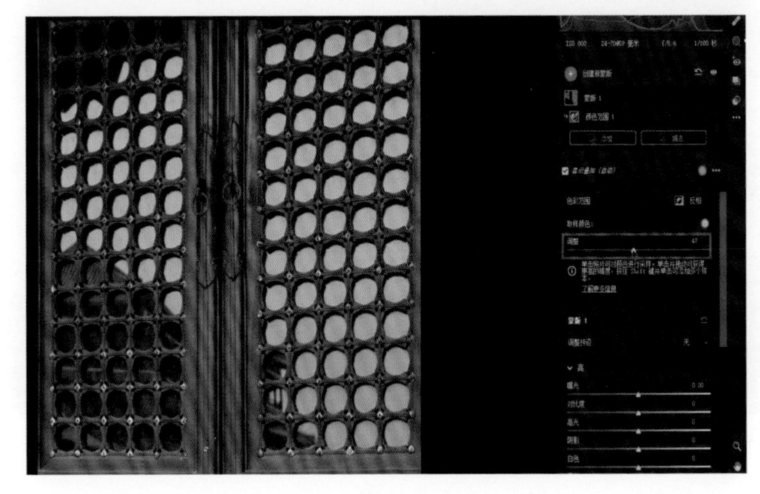

图 3-11

调整“色温”以及“色调”的值，将天空镜像打造成冷色调，形成冷暖色调的对比，如图 3-12 所示。

图 3-12

利用色彩范围工具将窗户打造成暖色调

利用色彩范围工具选中窗户区域，然后把参数复位，如图 3-13 所示。

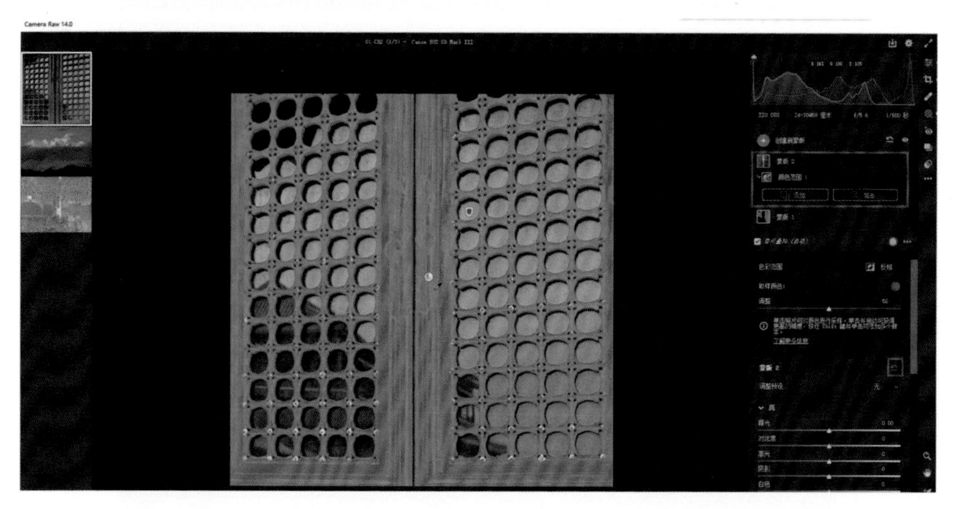

图 3-13

可以观察到，绿色的区域是被选中的，而红色的区域是没有被选中的，所以需要扩大选区范围，如图 3-14 所示。

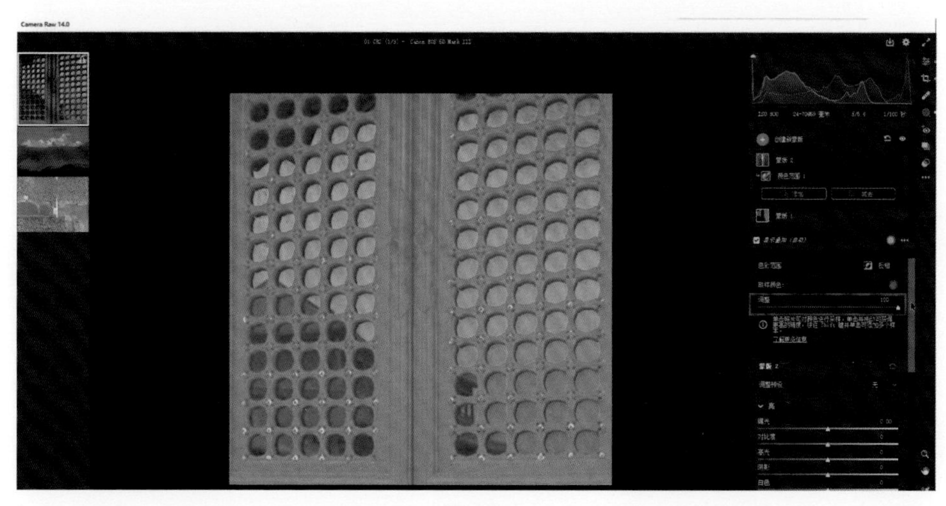

图 3-14

删除蒙版 2，如图 3-15 所示。

我们还可以利用色彩范围工具选中天空镜像，然后单击“反相”按钮，就能把窗户区域全部选中了，如图 3-16 所示。

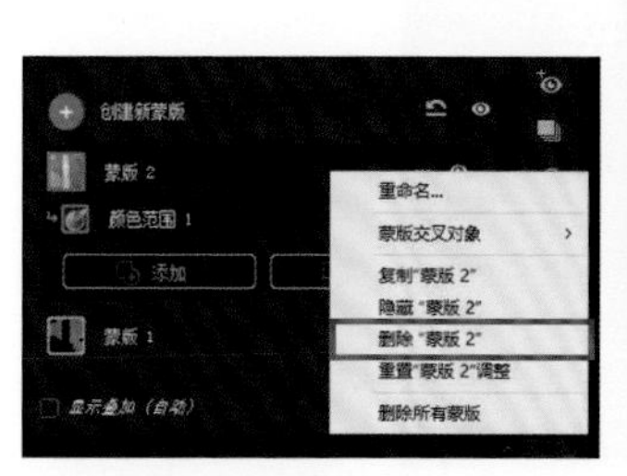

图 3-15

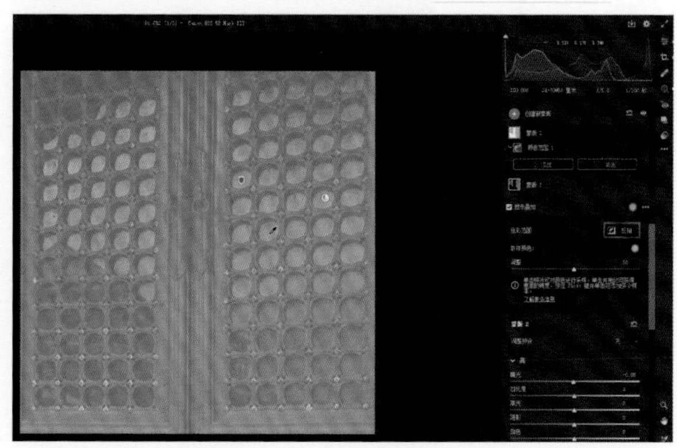

图 3-16

调整饱和度等参数，如图 3-17 所示。

Camera Raw 14.0

图 3-17

利用亮度范围工具调整天空镜像的亮度

亮度范围工具如图 3-18 所示。

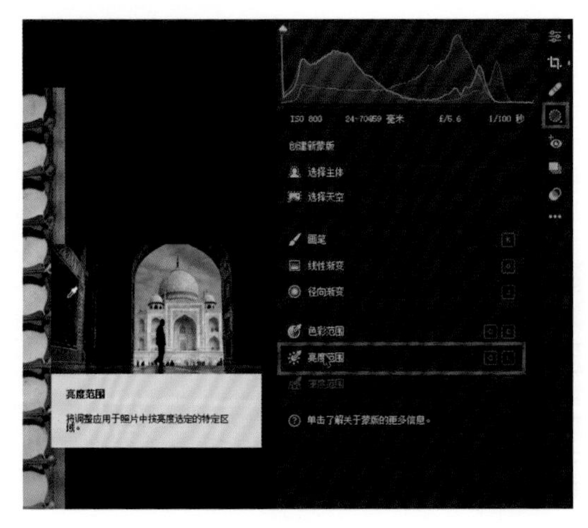

图 3-18

选择“亮度范围”选项后，鼠标指针会变成吸管形状，然后单击照片中的天空镜像区域，如图 3-19 所示。

图 3-19

单击该区域以选择照片中该部分的亮度值，调整“选择明亮度”滑块可以精确控制所选亮度范围，这里我们可以勾选“显示叠加”复选框，观察选中的亮度范围，如图 3-20 所示。

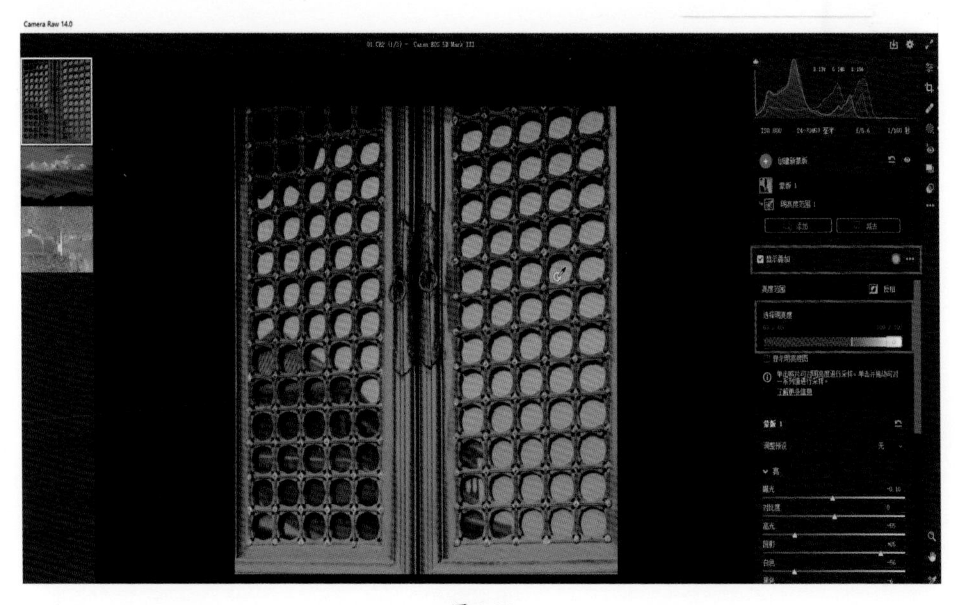

图 3-20

向右调整“选择明亮度”滑块，将选区范围进一步控制在高光区域，如图3-21所示。

图 3-21

向左拖动“色温”滑块，调整所选区域的色温，如图3-22所示。

图 3-22

很显然，利用色彩范围工具对这张照片所做的色彩调整是比较准确的，因为窗户上叠加了蓝色，如图 3-23 所示。

图 3-23

3.2　实战案例二

本案例调整前后效果如图 3-24 和图 3-25 所示。

图 3-24

图 3-25

整体调整色调

在“基本”面板中对这张照片稍做调整，如图 3-26 所示。

图 3-26

利用亮度范围工具调整雪山的亮度

单击“蒙版”按钮，选择“亮度范围”选项，如图 3-27 所示。

单击雪山的高光区域，如图 3-28 所示，可以观察到天空和雪山的大部分区域被选中了。

图 3-27

图 3-28

调整“选择明亮度”滑块，缩小选区范围，如图 3-29 所示。

图 3-29

将雪山打造成暖色调

通过调整“色温”和“色调”的值打造日照金山的暖色调效果，如图 3-30 所示。

图 3-30

3.3 实战案例三

本案例调整前后效果如图 3-31 和图 3-32 所示。

图 3-31

图 3-32

适当裁剪

大致观察一下这张照片，适当进行裁剪，如图 3-33 所示。

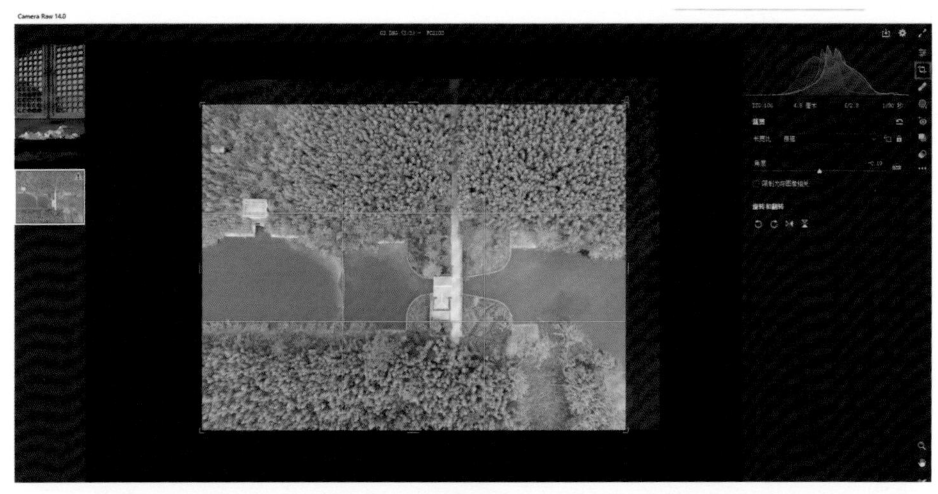

图 3-33

整体调整色调

在“基本”面板中进行参数调整，如图 3-34 所示。

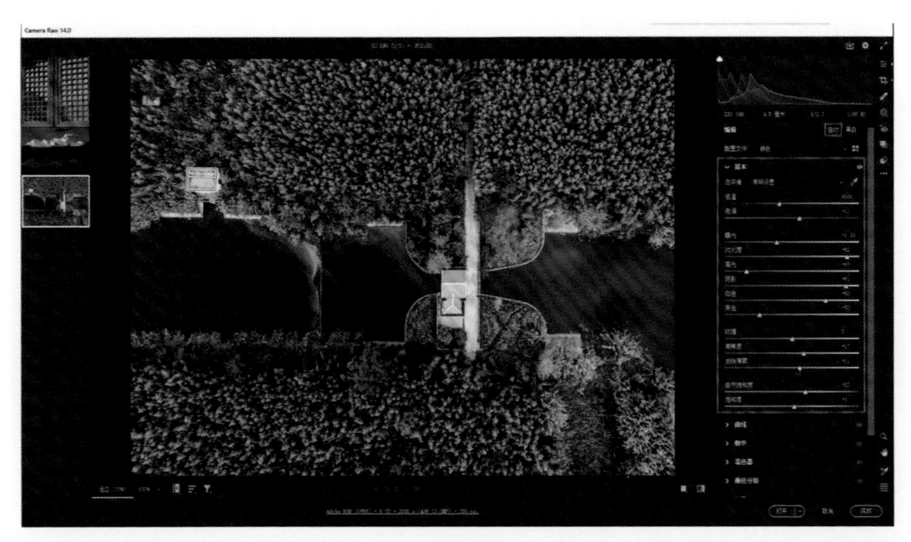

图 3-34

删除色差

调整完整体色调后，缩放照片视图，观察到照片中出现了一些紫边，展开“光学”面板，勾选“配置文件”选项卡下的“删除色差”复选框，可以把紫边稍微去一下，如图 3-35 和图 3-36 所示。

图 3-35

图 3-36

利用色彩范围工具改变植被的颜色

要改变植被的颜色，可以先选择色彩范围工具，然后将蒙版叠加颜色改为红色，如图 3-37 所示。

图 3-37

调整色相，如图 3-38 所示。

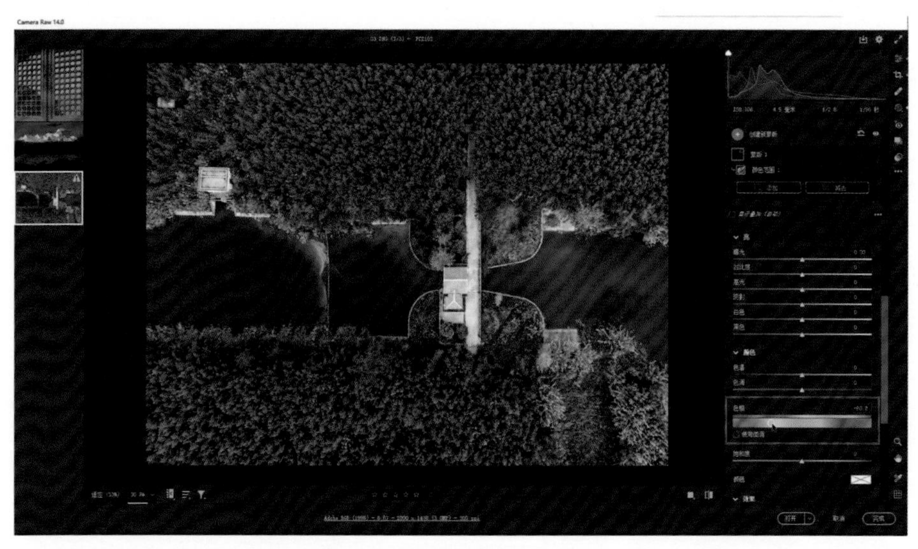

图 3-38

调整选区范围，将“调整”的值调至 100，如图 3-39 所示。

如果还想继续扩大选区范围，可以在此基础上添加新的色彩范围蒙版，如图 3-40 所示。

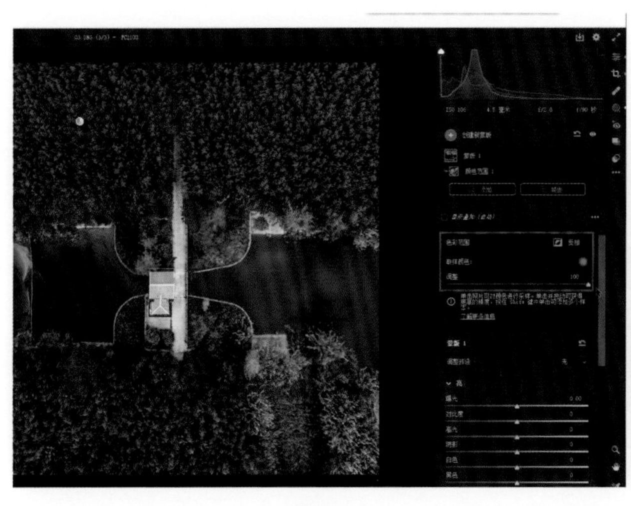

图 3-39

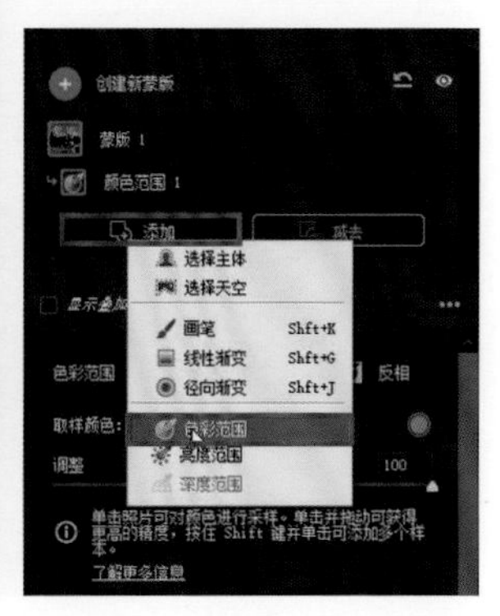

图 3-40

使用“色彩范围”工具再次选中植被区域，将“调整”滑块拖动到 67，如图 3-41 所示。

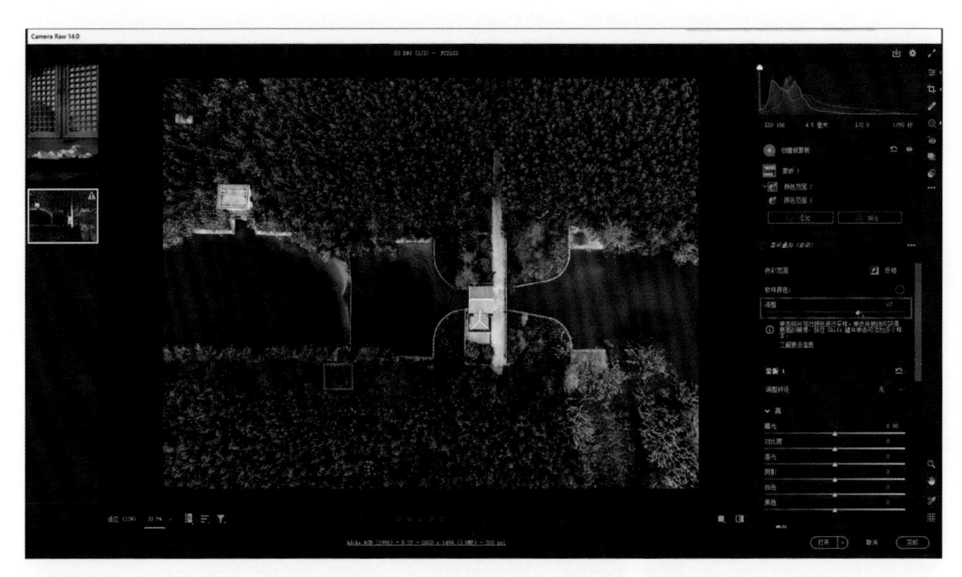

图 3-41

调整“色相”，即可把所有绿色植被都变成红色，如图 3-42 所示。

图 3-42

利用亮度范围工具压暗马路

创建新蒙版，选择“亮度范围”，如图 3-43 所示。

重置“蒙版 2”的参数调整，然后使用“选择明亮度”滑块，稍微调整一下选区范围，拖动“曝光”滑块调整亮度，如图 3-44 所示。

图 3-43

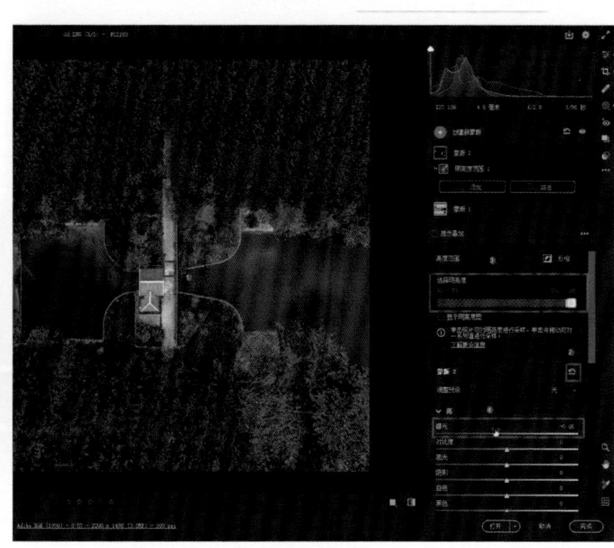

图 3-44

利用画笔工具调整细节

多余选中的区域可以利用画笔去除，如图3-45所示。

图 3-45

向左拖动“曝光”滑块，把刚刚大致选中的亮度区域压暗，如图3-46所示。

图 3-46

用亮度范围工具进行整体调整的效果可能并不是十分理想，但其适用于明暗反差较大的照片。总的来说，我们要根据照片的实际情况及其需要调整的区域选择合适的工具。

第 4 章　蒙版工具的综合运用

本章介绍如何组合运用多个工具和多个蒙版。

组合运用多个工具和多个蒙版有以下几个优点。

精确控制不同区域。每个工具和蒙版都可以针对图像的不同区域进行特定的调整，从而帮助我们对图像实现更精确的控制，对图像的不同区域进行个性化的处理。这样能够更好地满足我们对图像的特定需求，使图像达到预期的效果。

扩展创作空间。多个工具和多个蒙版的组合运用可以扩展创作空间，不同的工具提供了各种不同的调整方式，而多个蒙版可以让我们选择多个区域进行调整。通过灵活组合运用它们，我们可以创造出更多样化、个性化的图像效果，从而展示更多的创意和想法。

4.1　实战案例一

本案例调整前后效果如图 4-1 和图 4-2 所示。

图 4-1

图 4-2

整体调整色调

在“基本”面板中对相关参数做大致的调整，如图 4-3 所示。

图 4-3

之所以先大致调整相关参数，而不是直接利用蒙版处理照片，是因为大致调整相关参数之后可以大大减少后续的调整步骤以及过渡问题，以免最终效果太生硬。

删除色差

展开“光学”面板，勾选“删除色差”复选框，删除建筑物边缘出现的紫边，如图 4-4 所示，删除后的效果如图 4-5 所示。

图 4-4

图 4-5

压暗环境

单击“蒙版”按钮，然后单击“选择主体”选项，如图 4-6 所示，选中主体后的效果如图 4-7 所示。

图 4-6

图 4-7

单击“反相”按钮，如图 4-8 所示。

图 4-8

取消勾选“显示叠加”复选框，调整相关参数，以压暗整体环境，从而让主体人物更加突出，如图 4-9 所示。

降低饱和度，如图 4-10 所示。

图 4-9

图 4-10

利用色彩范围工具降低叶子的饱和度

蒙版调整界面中没有自然饱和度参数，只能调整饱和度参数，而调整“饱和度”后画面整体色彩的饱和度都会发生变化，所以可能难以对目标颜色进行准确调整，这里叶子的色彩浓度还是比较高。那么这个时候就需要重新创建一个蒙版，把叶子区域选中，选择“色彩范围”选项，如图 4-11 所示。

然后单独针对这块区域降低饱和度。先复位参数，缩小选区范围。照片中的红色区域，就是选区，如图 4-12 所示。

图 4-11

图 4-12

叶子饱和度的降低，不会影响主体人物的色彩表现，调整参数时，“显示叠加”复选框会自动取消勾选，如图 4-13 所示。

图 4-13

在“混色器”面板中降低“绿色”的值也可以达到这种效果，如图 4-14 所示。

利用选择主体功能提亮主体人物的脸部

创建新蒙版，单击“选择主体”选项，如图 4-15 所示。

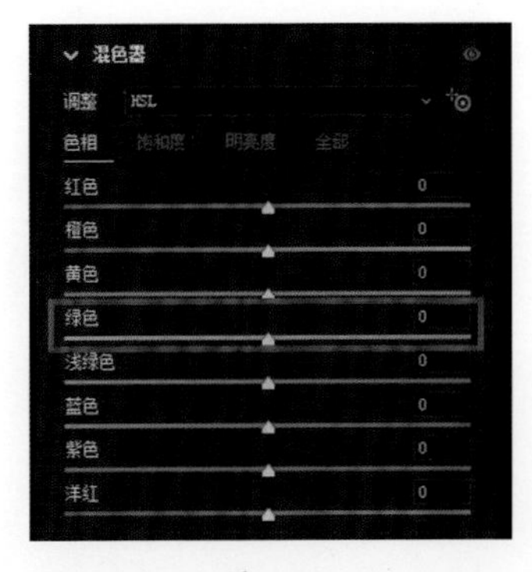

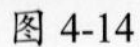
图 4-14

图 4-15

调整相关参数，对人物进行提亮，如图 4-16 所示。

图 4-16

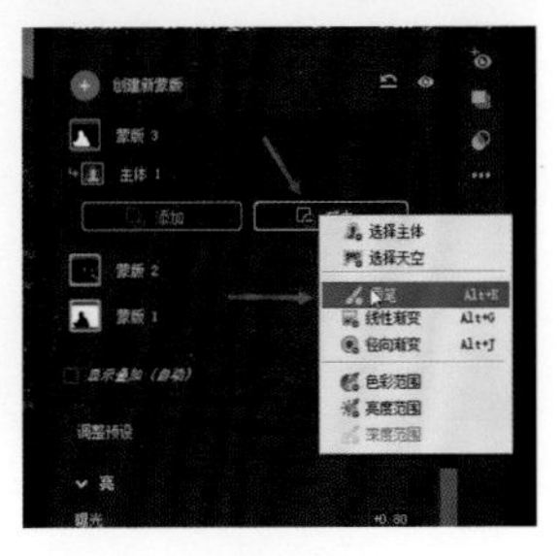

图 4-17

利用画笔工具调整细节

因为我们选中的是整个主体人物，所以手、帽子、衣服等不需要提亮的区域也被提亮了，这时就需要利用画笔工具进行减去操作，如图 4-17 所示。

利用画笔工具对前面提亮的选区边缘进行涂抹，以免主体人物太突兀，如图 4-18 所示。

图 4-18

回到“基本”面板，对相关参数进行微调，如图 4-19 所示。

图 4-19

利用画笔工具压暗比较亮的区域

创建新蒙版，添加画笔工具，如图 4-20 所示。

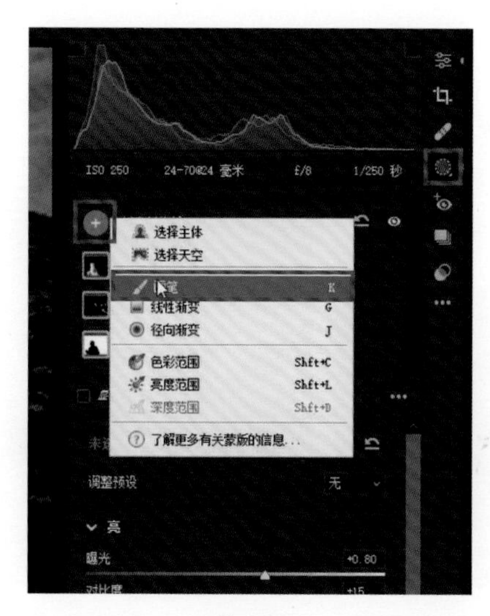

图 4-20

用画笔工具对画面的一些边边角角进行涂抹，画笔参数调整如图 4-21 所示。

图 4-21

4.2 实战案例二

本案例调整前后效果如图 4-22 和图 4-23 所示。

图 4-22

图 4-23

整体调整色调

在“基本”面板中对照片做大致的调整，如图 4-24 所示。

图 4-24

利用亮度范围工具调整灯光效果

单击“蒙版”按钮，选择“亮度范围”选项，如图 4-25 所示。

单击重置参数按钮，然后调整上方的“选择明亮度”来调节选区范围，如图 4-26 所示。

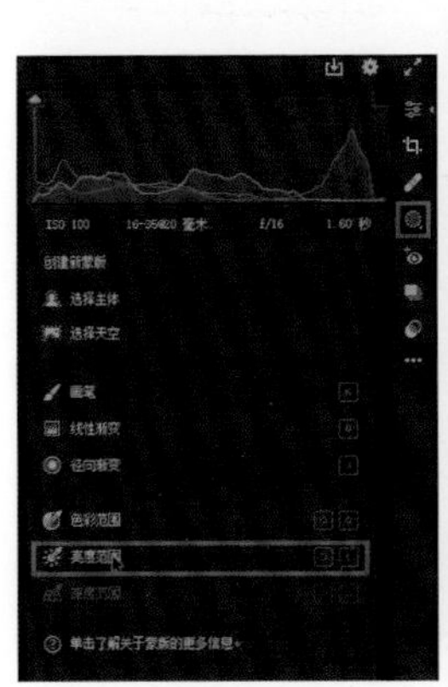

图 4-25

图 4-26

有些选中的区域再怎么降低亮度范围也无法减去，如图 4-27 所示。

图 4-27

调整相关参数，如图 4-28 所示。

图 4-28

减去多选的区域

多选的区域一般可以直接用画笔工具减去，对于不太容易框选的区域。在这里，我们可以单击“减去”按钮，然后选择“选择天空”选项，如图 4-29 所示。

图 4-29

这时这个区域就会直接被减去，如图 4-30 所示。这就是 ACR 14.0 的厉害之处，其能够利用多个工具和多个蒙版减去多选的区域。

图 4-30

利用“径向渐变”增减选区

可以利用径向渐变工具来添加选区，具体操作时先添加“添加”按钮，然后再选择“径向渐变”，之后在照片中选出要添加的选区即可，如图 4-31 和图 4-32 所示。

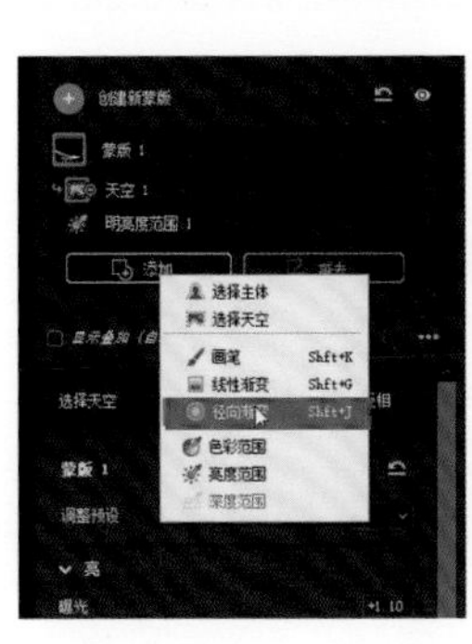

图 4-31

图 4-32

也可以利用径向渐变工具减去多选的区域，如图 4-33 和图 4-34 所示。

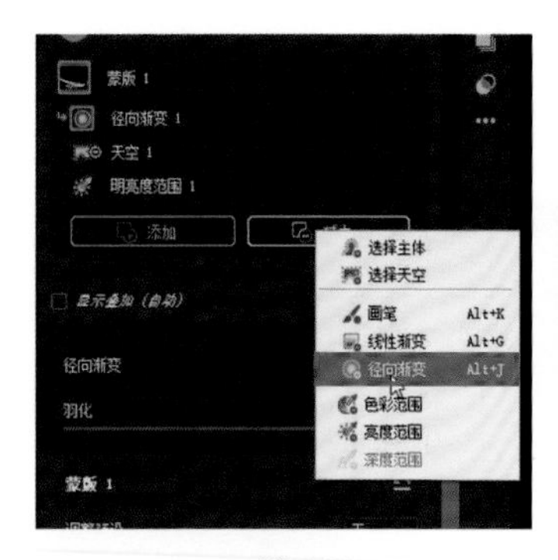

图 4-33

图 4-34

4.3 实战案例三

本案例调整前后效果如图 4-35 和图 4-36 所示。

图 4-35

图 4-36

打造复古色调

在“基本”面板中对参数做大致调整，即可将这张照片打造成复古色调，如图 4-37 所示。

利用亮度范围工具压暗泡沫塑料

单击“蒙版”按钮，选择“亮度范围”选项，单击泡沫塑料，如图 4-38 和图 4-39 所示。

图 4-37

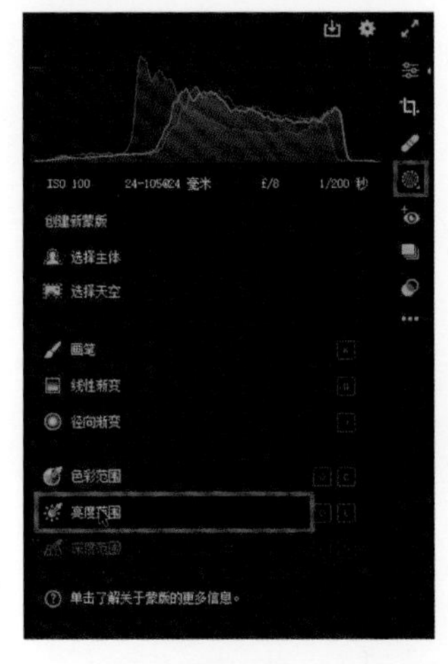

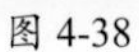

图 4-38　　图 4-39

对画面中选中的区域调整相关参数，降低泡沫塑料的亮度，如图 4-40 所示。

图 4-40

利用线性渐变工具去除多选的区域

单击“减去”按钮，选择“线性渐变”选项，即可把多选的区域去除，如图 4-41 和图 4-42 所示。

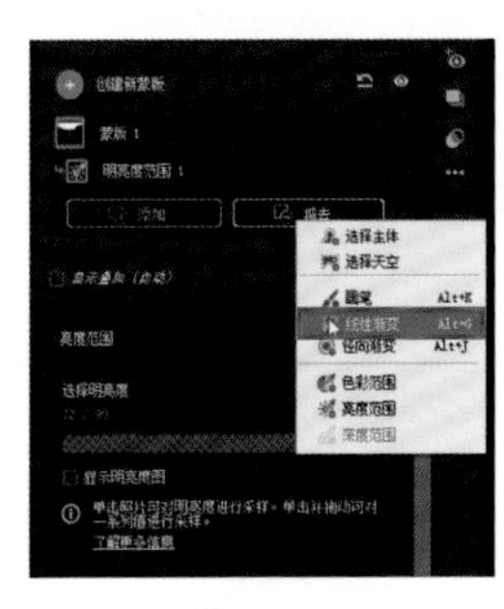

图 4-41

图 4-42

利用线性渐变工具进行整体压暗

新建线性渐变的蒙版，进行整体压暗，单击重置参数按钮，降低“曝光”值，如图 4-43 和图 4-44 所示。

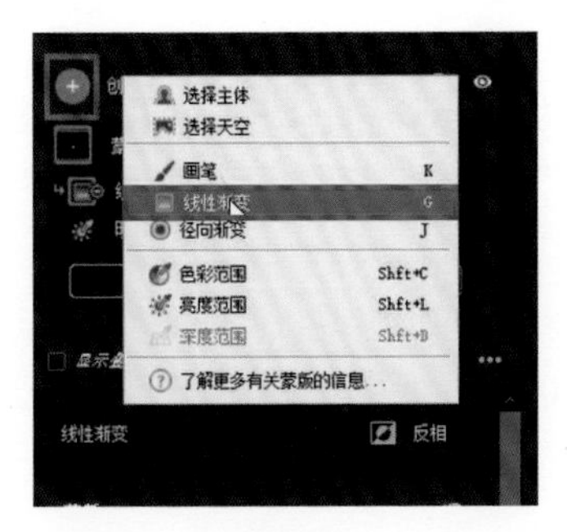
选择主体
选择天空
画笔 K
线性渐变 G
径向渐变 J
色彩范围 Shft+C
亮度范围 Shft+L
深度范围 Shft+D
了解更多有关蒙版的信息...
线性渐变
反相

图 4-43

图 4-44

第 5 章　ACR 14.0 的高级用法

本章将讲解 ACR 14.0 的高级用法，即如何结合其他功能对照片进行后期处理。

5.1　实战案例一

本案例用到的是一张个人肖像照片，如图 5-1 所示，下面将运用 ACR 14.0 对其背景进行调整。

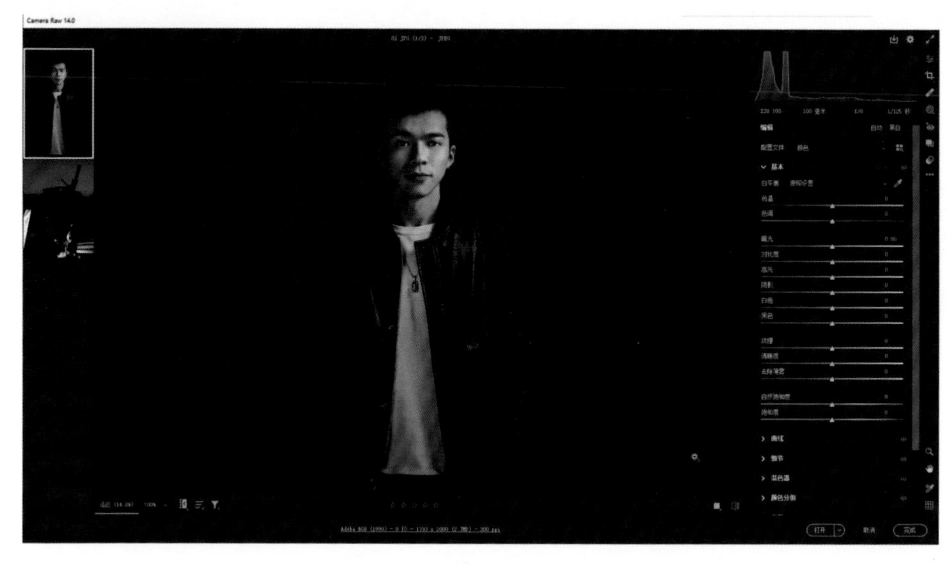

图 5-1

压暗背景

单击“蒙版”按钮，选择“选择主体”选项，如图 5-2 所示。

选中人物后，单击“反相”按钮，如图 5-3 所示。

图 5-2

图 5-3

取消勾选“显示叠加”复选框，调整“曝光”的值，把背景压暗，如图 5-4 所示。

图 5-4

利用径向渐变工具让背景呈渐变效果

单击“减去”按钮，选择“径向渐变”选项，如图 5-5 所示。

拉出圆形选区，调整相关参数，这时背景就会呈现出圆形渐变效果，如图5-6所示。

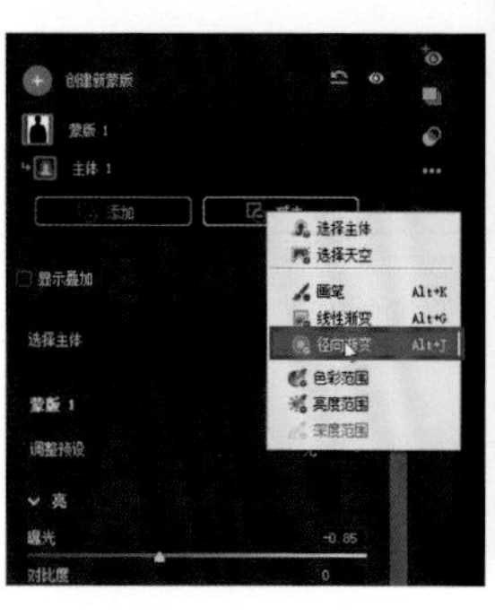

图 5-5

图 5-6

蒙版交叉对象

径向渐变工具的用途并不广泛，它只能用来控制选区边缘的亮度。下面介绍一种打造背景圆形渐变效果更好的方法。先单击“蒙版”按钮，然后选择“选择主体”选项，如图5-7所示。

单击“反相”按钮，按Shift键，界面右侧会出现“交叉”按钮，如图5-8所示。

图 5-7

图 5-8

或者先单击蒙版 1 后面的“更多选项”按钮，如图 5-9 所示，然后将鼠标指针移至“蒙版交叉对象”选项上，接着选择“径向渐变”选项，如图 5-10 所示。

图 5-9

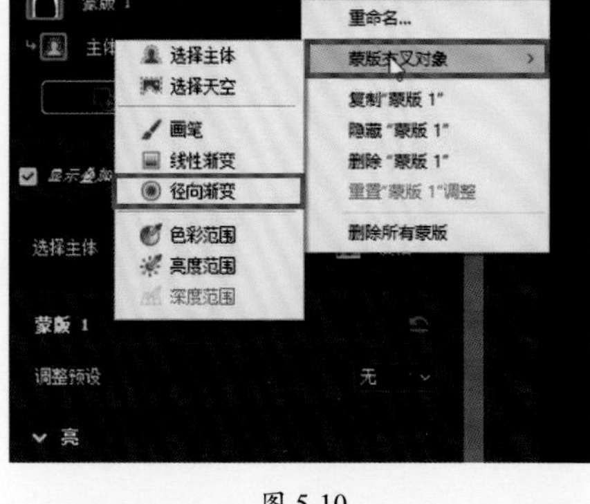

图 5-10

这时候提高“曝光”值，就更能得心应手地控制背景的亮度，如图 5-11 所示。

图 5-11

其实就是在选择完背景的选区之后，再去做一次选区，如图 5-12 所示。

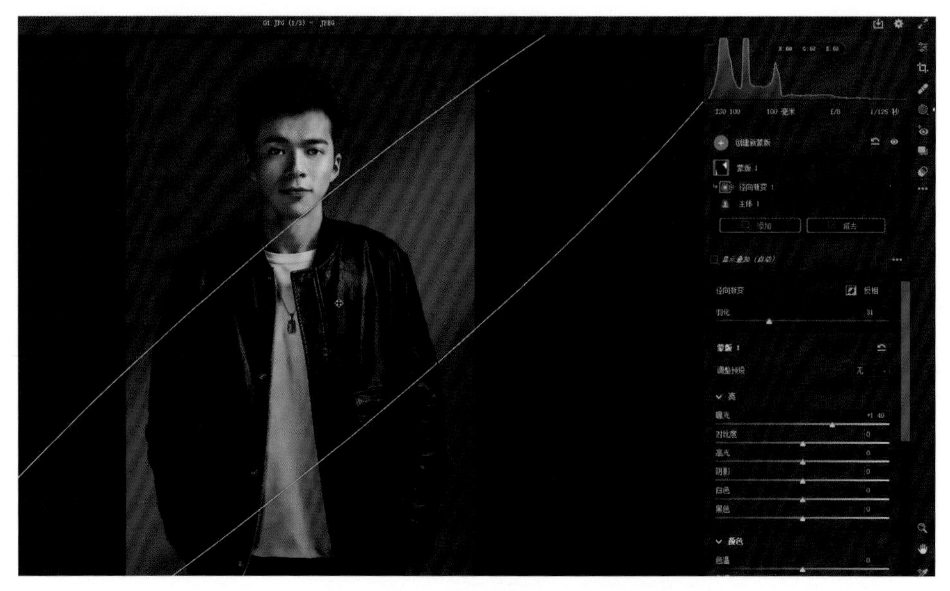

图 5-12

同样的可以尝试再去做交叉，选择“画笔”，如图 5-13 所示。

因为刚刚已经缩小选区了，我们现在只能用画笔调整这个选区范围内的区域了，如图 5-14 所示。

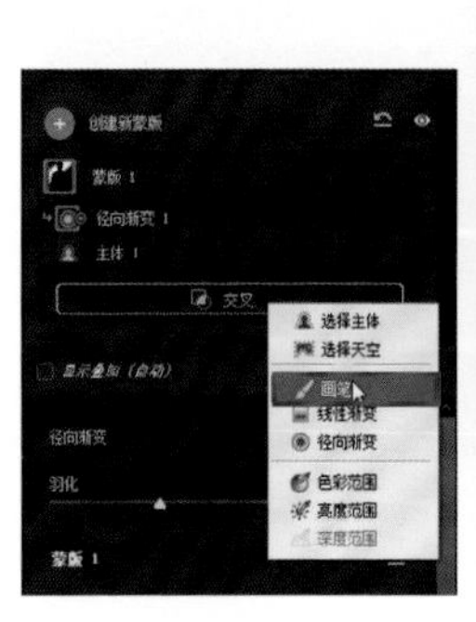

图 5-13

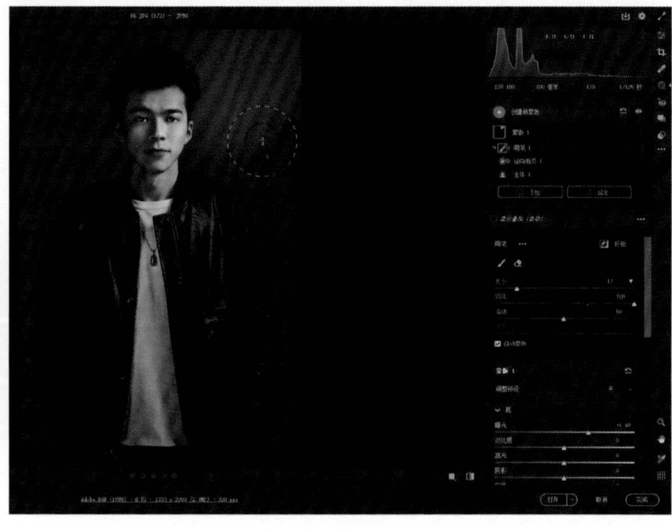

图 5-14

5.2 实战案例二

本案例调整前后效果如图 5-15 和图 5-16 所示。

图 5-15

图 5-16

将天空打造成冷色调

单击“蒙版”按钮，选择“选择天空”选项，如图 5-17 所示，单击重置参数按钮，让参数复位，如图 5-18 所示。

图 5-17

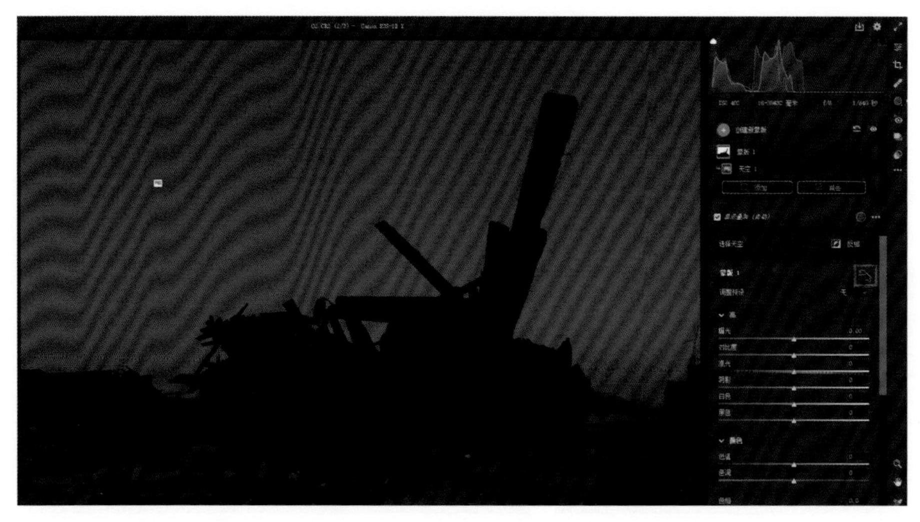

图 5-18

取消勾选“显示叠加”复选框，调整相关参数，如图 5-19 所示。

图 5-19

调整天空的色调后要对主体进行处理。利用选择天空功能，单击“反相”按钮，即可选中主体，如图 5-20 和图 5-21 所示。

利用蒙版交叉对象功能提亮主体

单击蒙版 2 后面的“更多选项”按钮，将鼠标指针移至“蒙版交叉对象”选项上，然后选择“画笔”选项，如图 5-22 所示。

图 5-20　　　　图 5-21

使用画笔工具涂抹主体，如图 5-23 所示。

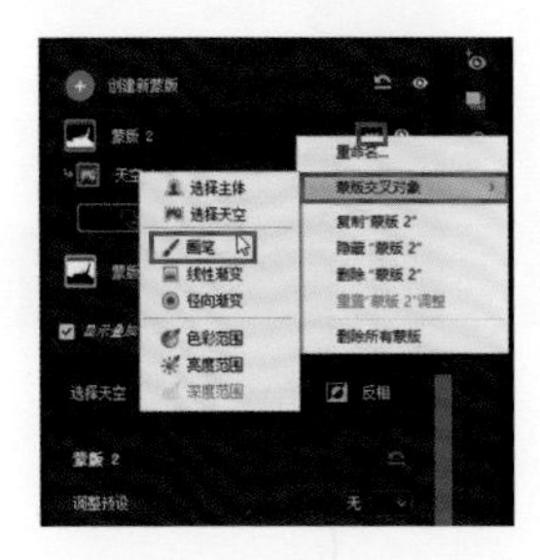

图 5-22

图 5-23

调整相关参数，提亮上述区域，如图 5-24 所示。

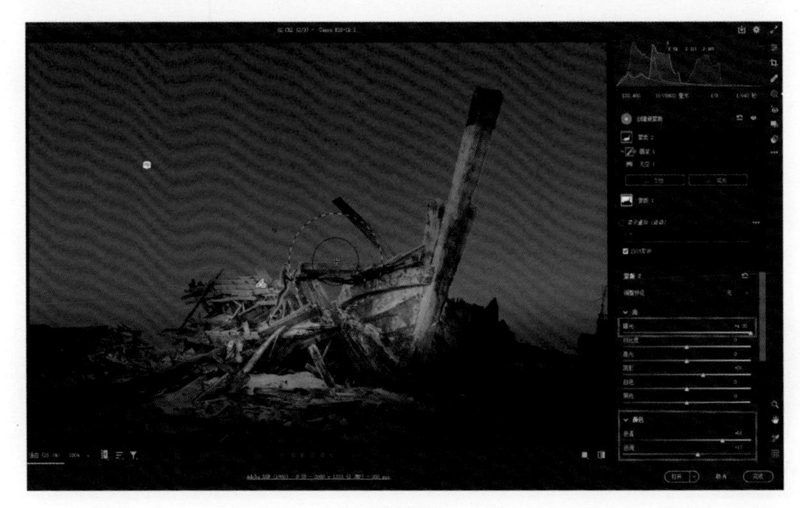

图 5-24

没有在“基本”面板中做过大致调整，直接利用蒙版进行处理所得到的照片如图 5-25 所示。

我们应该先在“基本”面板中做一些调整，所以选择“复位为默认值”选项，单击“更多图像设置”按钮，然后选择“复位为默认值”，如图 5-26 所示。

图 5-25

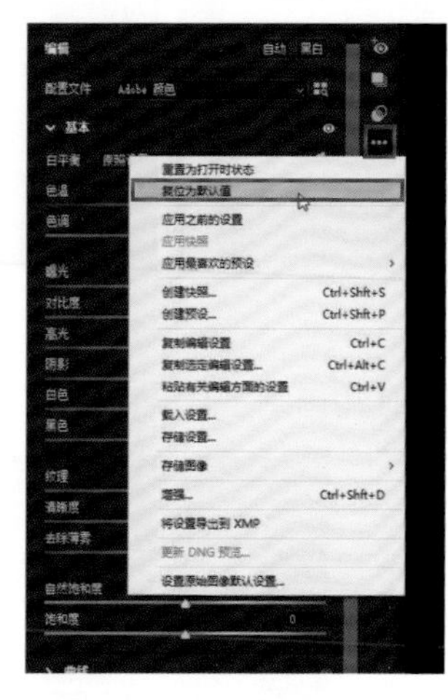

图 5-26

整体调整色调

在“基本”面板中调整相关参数，以提亮整个画面，如图 5-27 所示。

图 5-27

将天空以外的区域打造成暖色调

单击“蒙版”按钮，选择“选择主体”选项，如图 5-28 所示，可以看到，天空以外的区域并未全部被选中，如图 5-29 所示。

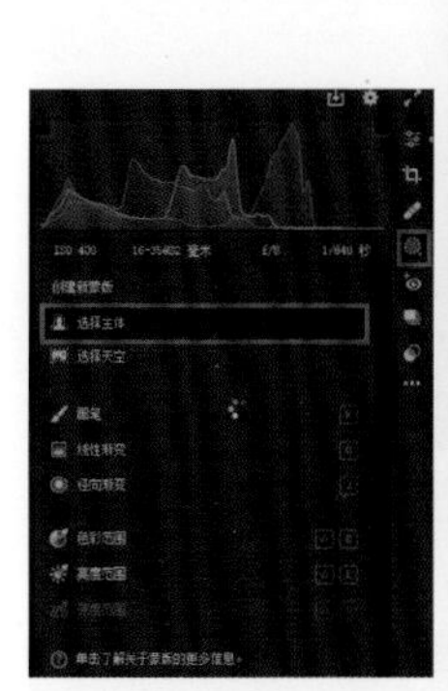

图 5-28

图 5-29

所以删除“蒙版 2”，创建新蒙版，选择“选择天空”选项，如图 5-30 所示。

单击“反相”按钮，即可选中天空以外的区域，如图 5-31 所示。

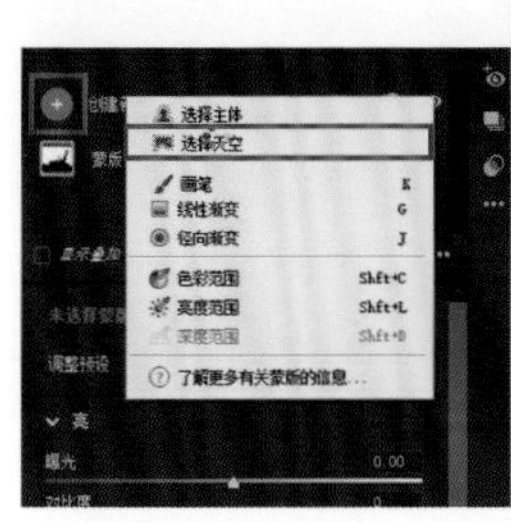

图 5-30

图 5-31

调整相关参数，将该区域打造成暖色调，如图 5-32 所示。

天空以外的区域均呈暖色调，可以利用画笔工具减去这块区域的暖色调，如图 5-33 和图 5-34 所示。

图 5-32

图 5-33

图 5-34

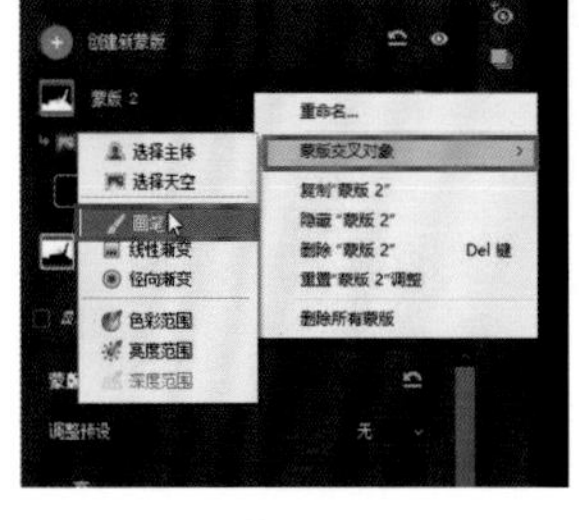

图 5-35

蒙版交叉对象

也可以在上述选区的基础上，利用蒙版交叉对象功能和画笔工具将天空以外的区域打造成暖色调，如图 5-35 和图 5-36 所示。

图 5-36

利用线性渐变工具压暗前景

创建新蒙版，选择“线性渐变”选项，如图 5-37 所示，然后压暗前景，如图 5-38 所示。

图 5-37

图 5-38

5.3 实战案例三

本案例调整前后效果如图 5-39 和图 5-40 所示。

图 5-39

图 5-40

整体调整色调

在“基本”面板中对照片做大致调整，如图 5-41 所示。

图 5-41

适当裁剪

适当裁剪照片，如图 5-42 所示。

利用蒙版交叉对象功能调节光照效果

光线从左上角照射进来，导致人物脸部曝光过度，这个时候就需要调节光照效果。单击“蒙版”按钮，选择“选择主体”选项，如图 5-43 所示。

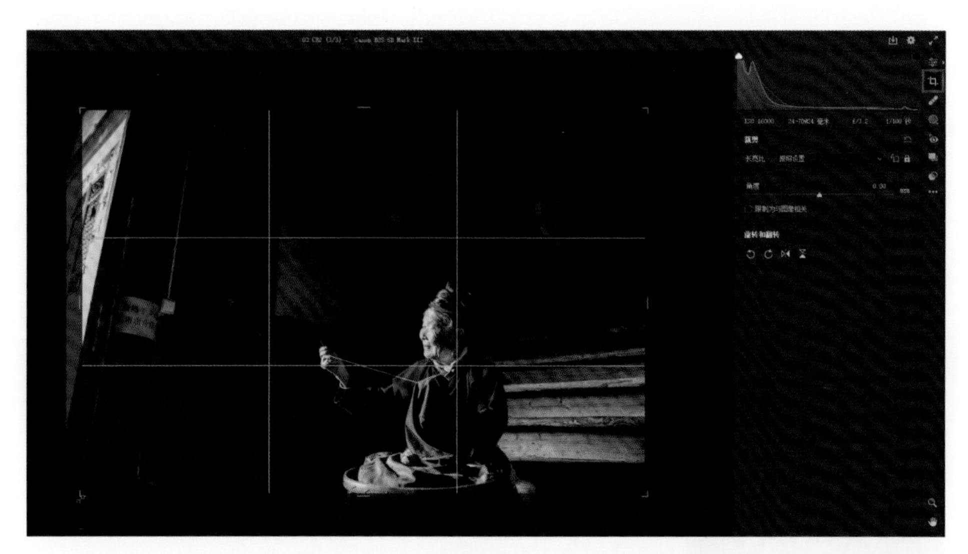

图 5-42

单击“反相”按钮，如图 5-44 所示。

图 5-43

图 5-44

单击“更多选项”按钮，找到“蒙版交叉对象”，选择“径向渐变”选项，如图 5-45 所示。

调整相关参数，如图 5-46 所示。

图 5-45

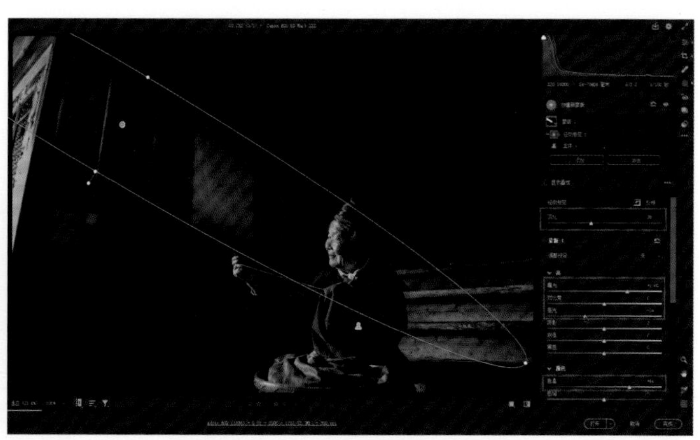

图 5-46

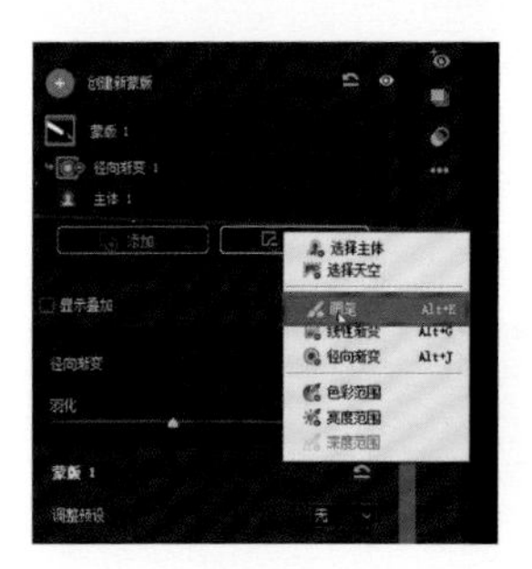

图 5-47

利用画笔工具压暗过亮的部分

用画笔工具可以压暗过亮的部分，如图 5-47 和图 5-48 所示。

利用这种方法营造的光照效果不会影响人物，如图 5-49 所示，如果没有进行这样的调整，光线从左上角照射进来会导致人物脸部曝光过度的问题。

掌握上述技巧，我们便可以避开人物，营造出特殊的光照效果。

图 5-48

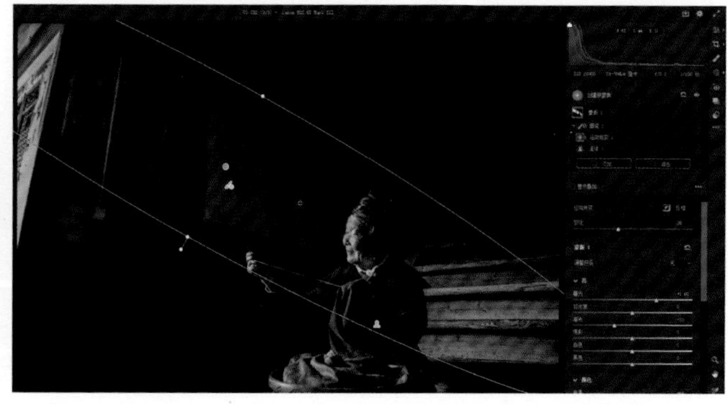

图 5-49

第 6 章　分区域调整

本章讲解如何通过分区域调整来提高照片的质量。在摄影中，我们可以利用区域曝光法来拍摄高品质照片；在后期处理过程中，我们也可以使用类似的方法来调整照片。在 ACR 中，我们可以将一张照片大致划分成几个区域，并分别对各区域进行调整，这样做有助于我们将照片调整为自己想要的效果。

6.1　实战案例一

本案例调整前后效果如图 6-1 和图 6-2 所示。

图 6-1

图 6-2

打开照片后，首先要观察，而不要急于确定调整方向。我们需要仔细观察照片，确定哪些区域需要调整，以及希望达到什么样的效果。

图 6-1 是几年前我在安徽的一个造纸厂拍摄的，当时画面中的主体人物正在整理宣纸。我拍完这张照片后，就有了一个想法：保留主体人物的暖色调，使周围的环境，包括宣纸，均呈现冷色调，以营造冷暖对比。因此，根据分区域调整的原则，这张照片可以划分为两个区域：主体人物和环境。有了这样的思路，我对这张照片的调整方向就非常清晰了。

整体调整色调

单击“自动”按钮，让 ACR 自动调整曝光、对比度、高光、阴影、白色以及黑色等参数，同时适当调整“清晰度”和“去除薄雾”的值，以使画面更加清晰。还可以根据需要适当添加一些纹理效果。至于自然饱和度和饱和度，我们可以先将其复位。调整后的参数如图 6-3 所示。

图 6-3

选中环境

单击“蒙版”按钮，选择“选择主体”选项，即可选中主体人物，如图 6-4 和图 6-5 所示。

主体人物已经不需要再做太多调整，那么这个时候就应该单击“反相”按钮，如图 6-6 所示。

图 6-4

图 6-5

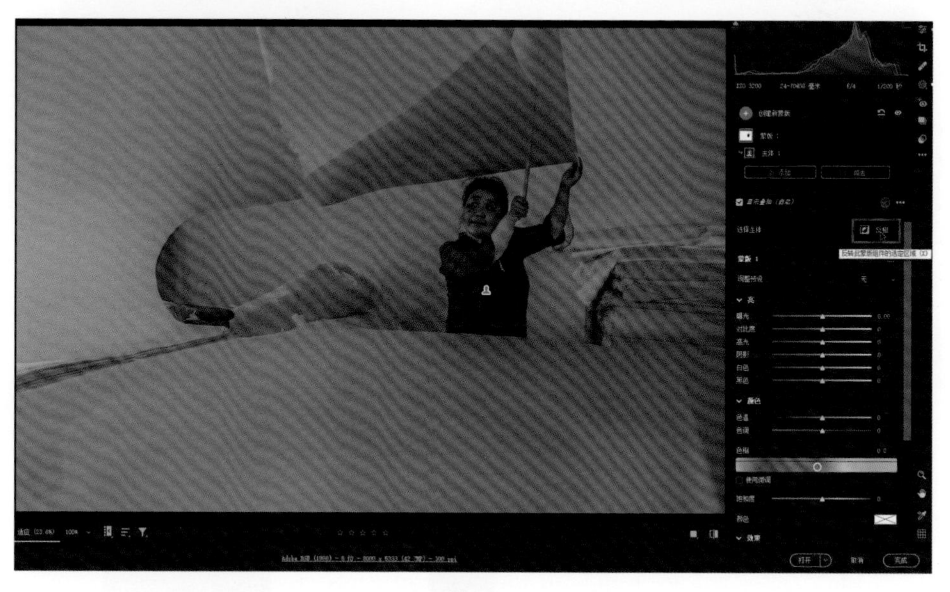

图 6-6

单击颜色按钮右边的“更多图像设置”按钮可以查看各种显示叠加模式，选择“白色叠加于黑色”模式，如图 6-7 和图 6-8 所示。

图 6-7

图 6-8

可以观察到左侧有 3 个区域没有被选中，如图 6-9 所示。

添加画笔工具，如图 6-10 所示，涂抹没有被选中的区域，如图 6-11 所示。

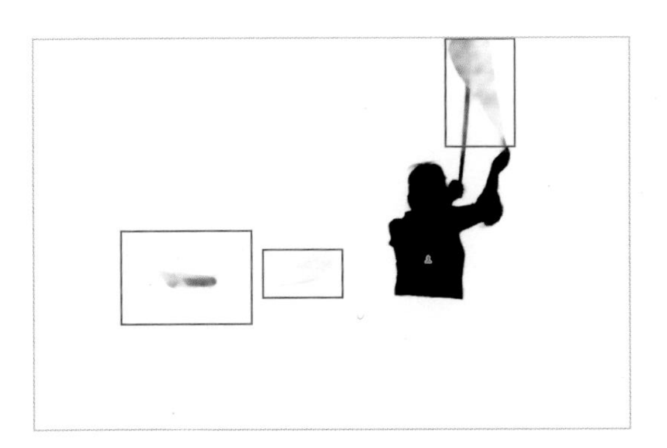

图 6-9

图 6-10

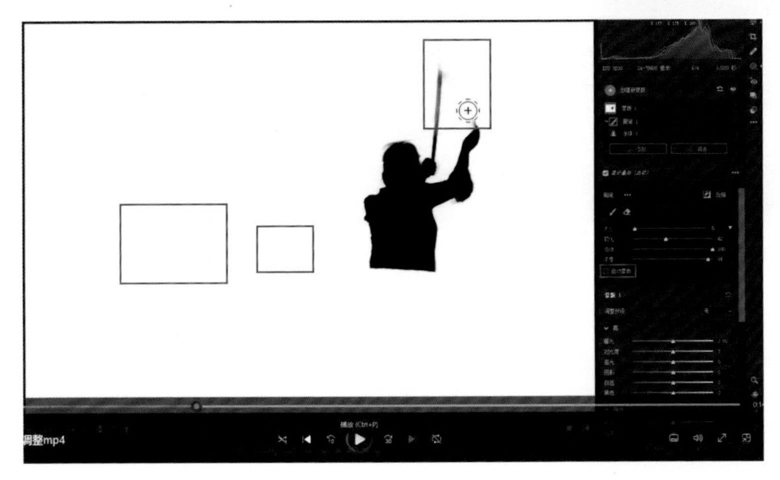

图 6-11

选择“颜色叠加”模式，如图 6-12 所示，放大后观察到有一个区域没有被选中，如图 6-13 所示。

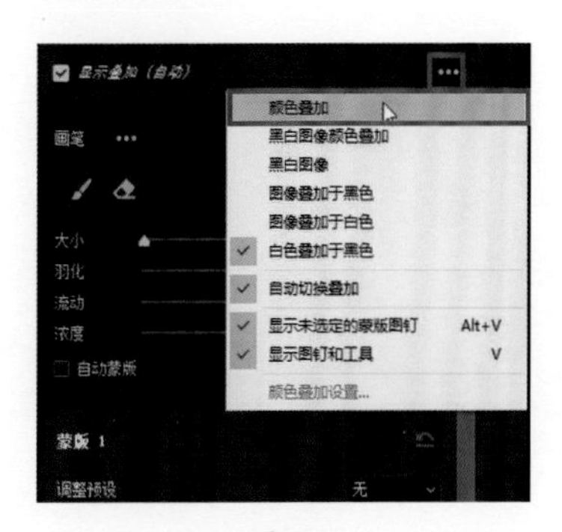

图 6-12

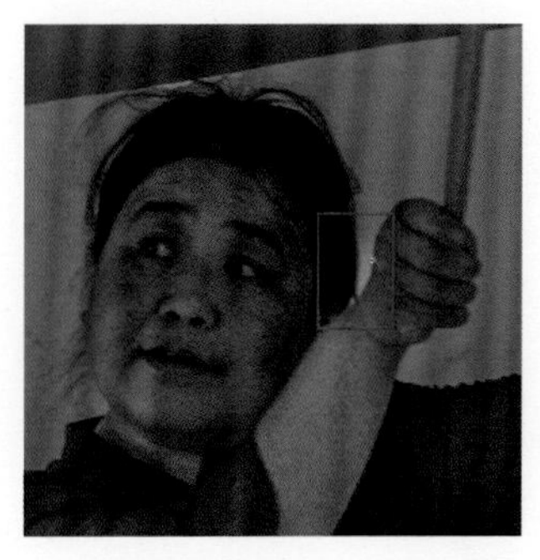

图 6-13

利用之前添加的画笔工具勾选“自然蒙版”复选框，对上述区域和头发边缘进行涂抹，使头发和周围环境之间过渡自然，如图 6-14 所示。

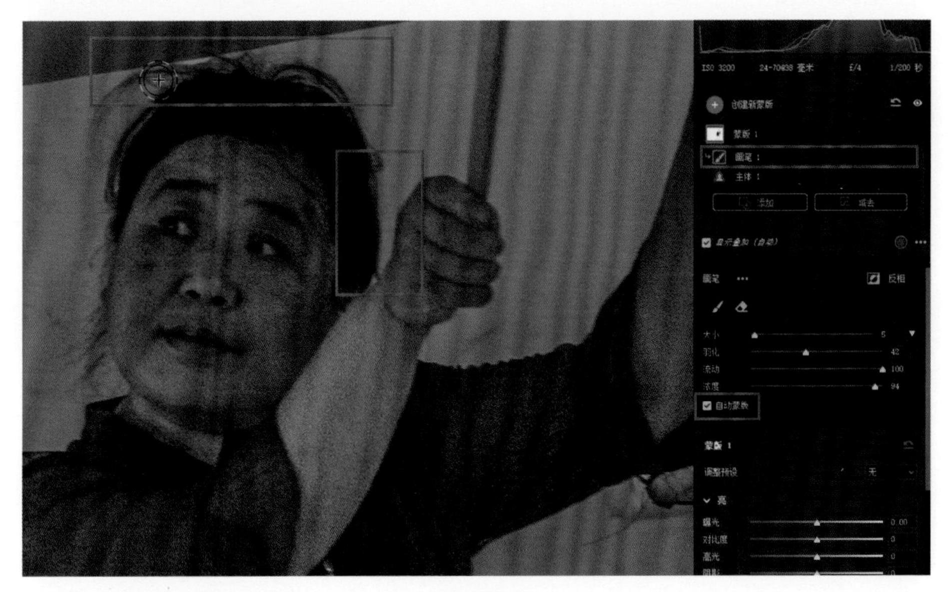

图 6-14

将环境打造成冷色调

调整选区范围之后，就可以调整色温了。取消勾选“显示叠加”复选框，将“色温”滑块朝蓝色方向拖动，使整个画面具有很强烈的冷暖对比，如图 6-15 所示。

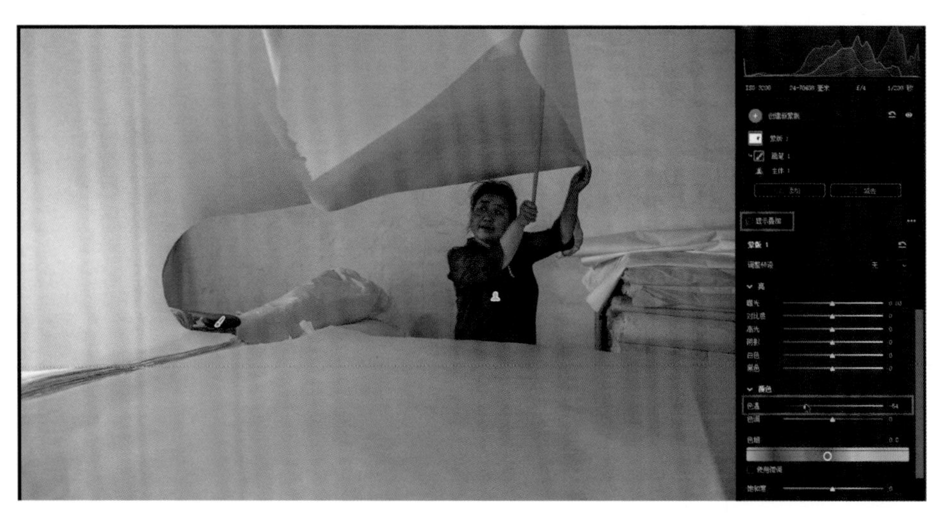

图 6-15

压暗画面

调整相关参数，压暗整个画面，如图 6-16 所示。

图 6-16

提亮面部

创建新蒙版，选择“选择主体”选项，如图 6-17 所示。

提高“曝光”的值，如图 6-18 所示。

图 6-17

图 6-18

要使衣服等不需要提亮的区域恢复原状，可以先单击“减去”按钮，然后利用“画笔”工具涂抹相应区域。也可以采用另一种方法提亮面部。按 Shift 键，单击“交叉”按钮，选择“画笔”选项，如图 6-19 所示。利用画笔工具涂抹面部，提高“流动”值，对面部稍微做一点提亮，如图 6-20 所示。

图 6-19

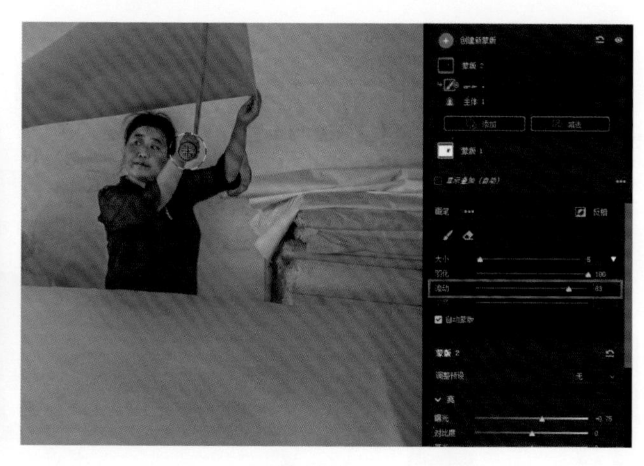

图 6-20

可以观察到主体人物面部的噪点变大了，那么此时需要利用画笔工具降噪，如图 6-21 所示。

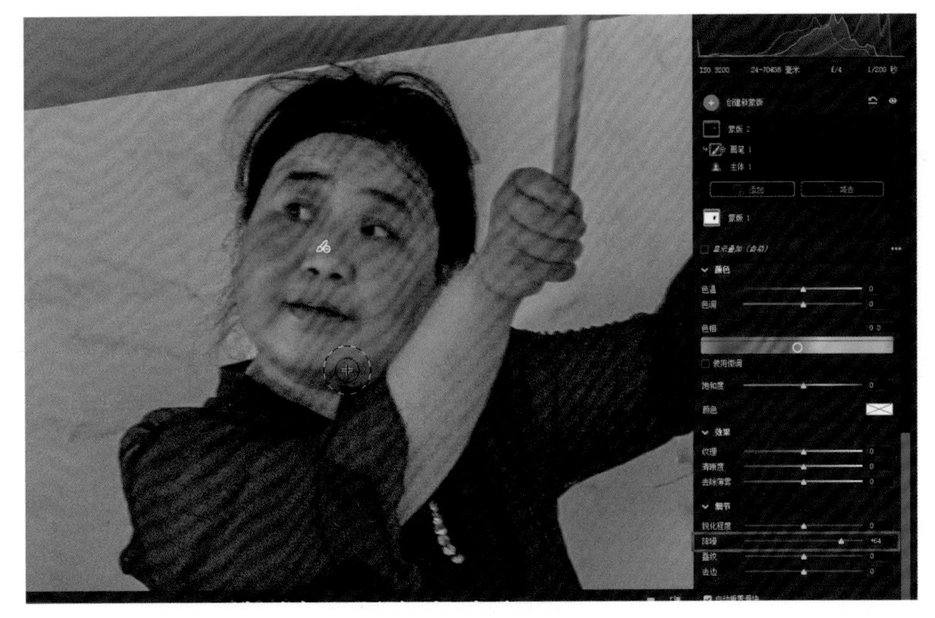

图 6-21

利用径向渐变工具制作暗角

制作暗角可以使主体人物更突出。创建新蒙版，选择“径向渐变”选项，如图 6-22 所示。

让画面中心能够移到主体人物上，不要被周围的环境光所影响，单击“反相”按钮，降低“曝光”和“高光”的值，如图 6-23 所示。

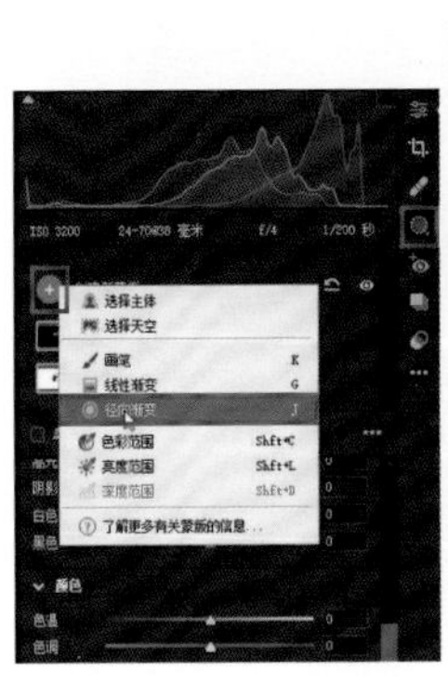

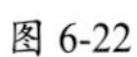

图 6-22

图 6-23

单击“编辑”按钮，回到“基本”面板进行整体调整，如图 6-24 所示。

图 6-24

6.2　实战案例二

本案例调整前后效果如图 6-25 和图 6-26 所示。

图 6-25

图 6-26

整体调整色调

单击“自动”按钮，然后进行大致的调整，如图 6-27 所示。

图 6-27

删除色差

可以观察到建筑边缘有紫边，如图 6-28 所示。

图 6-28

在“光学”面板中勾选“删除色差”复选框即可删紫边，如图 6-29 所示。

图 6-29

调整天空

单击“蒙版”按钮，选择“选择天空”选项，如图 6-30 所示。

先将“色温”滑块朝蓝色方向拖动，增加一点蓝色，然后稍微压暗一点高光，找回细节，提高对比度，如图 6-31 所示。

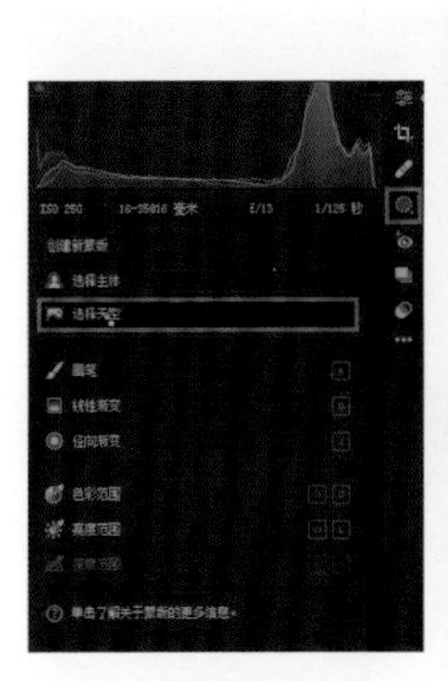

图 6-30

图 6-31

利用选择主体来选中角楼

创建新蒙版，选择“选择主体”选项，即可选中角楼，如图 6-32 和图 6-33 所示。

图 6-32

图 6-33

通过反相选中角楼以外的部分

单击“反相”按钮，即可选中角楼以外的部分，如图 6-34 所示。

图 6-34

取消选中天空

天空无须再做调整，所以应当取消选中。在蒙版 2 下方单击“减去”按钮，选择“选择天空”选项，如图 6-35 所示。

可以观察到天空已经取消选中了，如图 6-36 所示。

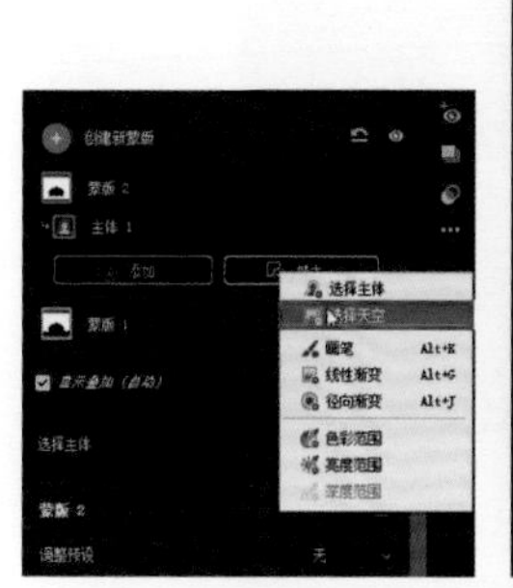

图 6-35

图 6-36

压暗并打造冷色调

取消勾选“显示叠加”复选框，调整相关参数，如图 6-37 所示。

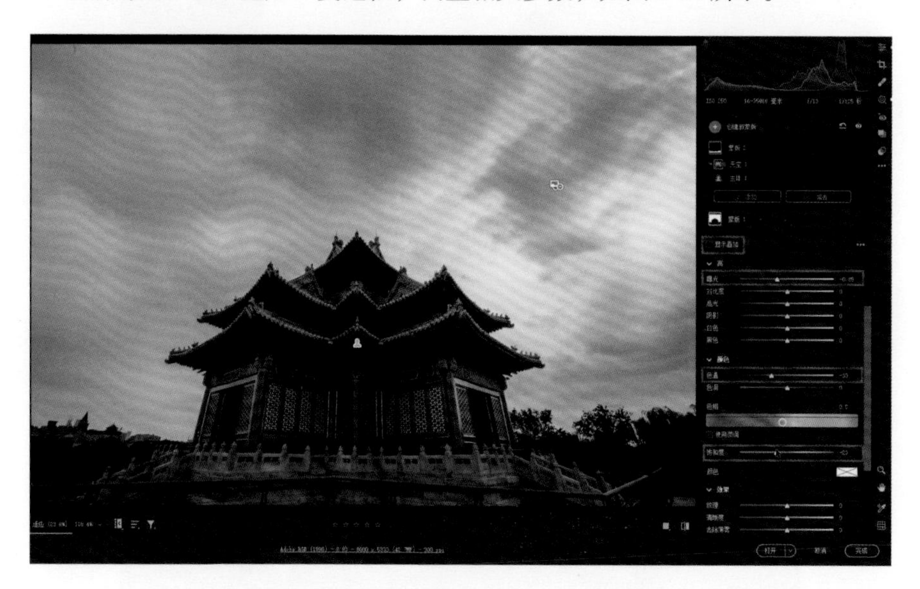

图 6-37

在“混色器”面板中对色相、饱和度、明亮度进行调整，如图 6-38 ～图 6-40 所示。

图 6-38

图 6-39

图 6-40

本章我们学习了如何将一张照片划分为多个区域，并利用不同的工具对各区域进行调整。在后期处理过程中，选择是一门艺术。通过选择你想要调整的区域，你就有可能更快获得预期的效果。

第 7 章　打造低饱和度色调

低饱和度色调之所以受到许多人的喜爱，是因为它可以带来一种独特的视觉效果。在人文照片中，通过降低周围环境的饱和度，保留主体较高的饱和度，可以让观者一眼就能区分出主体、陪体和环境。这种视觉效果能够直接吸引观者的注意力。在饱和度较低的情况下，我们可以通过调整色调得到不同的效果。如果一张照片的饱和度非常高，那么在添加特定色调后，画面会很难呈现出期望的效果。因此，在添加特定色调前，我们需要先确保照片具有适当的低饱和度。

7.1　实战案例一

本案例调整前后效果如图 7-1 和图 7-2 所示。

图 7-1

图 7-2

整体调整色调

单击“自动”按钮，同时对高光区域以及暗部的细节进行调整，如图 7-3 所示。

图 7-3

通过对比调整前后的效果和观察直方图可知，高光区域和暗部的细节，如图7-4 所示。

图 7-4

二次构图

适当裁剪照片，如图 7-5 所示。

图 7-5

整体降低自然饱和度

可以观察到整张照片偏蓝，所以我们需要将“色温”滑块朝黄色方向拖动一点，然后在这个基础上降低自然饱和度，如图 7-6 所示。

图 7-6

降低自然饱和度之后，接着观察整个环境，发现我们需要调整环境中的绿色调、蓝色调和黄色调，如图 7-7 所示。

单独降低环境的饱和度

单击“蒙版”按钮，选择“选择主体”选项，如图 7-8 所示，选区如图 7-9 所示。

图 7-7

图 7-8

图 7-9

单击“反相”按钮，如图 7-10 所示。

图 7-10

环境的饱和度降低，如图 7-11 所示。

图 7-11

压暗部分区域

针对整个环境中太亮的区域，降低“高光”和“白色”的值，如图 7-12 所示，将其稍微压暗，这样能够让人物更加突出。

图 7-12

利用画笔工具进行还原操作

有一些区域不需要压暗，所以我们需要利用画笔工具将其还原，如图 7-13 所示。

取消选中“自动蒙版”复选框，利用画笔工具涂抹上述区域，如图 7-14 所示。

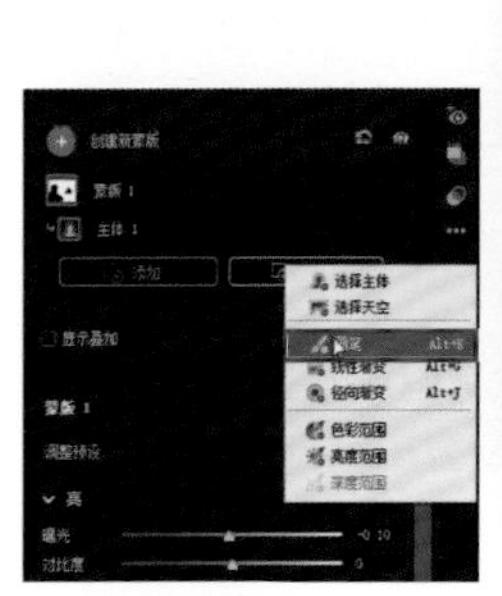

图 7-13

图 7-14

人物的色彩还是太浓，这时按 T 键，可以直接选择目标调整工具，然后右击需要调整的位置，选择“饱和度”选项，降低“浅绿色”和“蓝色”的值，如图 7-15 所示。

图 7-15

选择“明亮度”选项，同样降低“浅绿色”和“蓝色”的值，否则整张照片会显得没有厚重感，如图 7-16 所示。

图 7-16

面部提高“橙色”的值，如图 7-17 所示。

图 7-17

打造复古色调

要想打造复古色调，就需要先在“基本”面板中进行大致调整，如图 7-18 所示。

图 7-18

也可以在“颜色分级”面板中针对全局进行调整，将画面整体调成暖色调，如图 7-19 所示。

图 7-19

在打造绿色调的时候尽量要看人物的色彩，为人物添加一点冷色调，如图 7-20 所示。

图 7-20

如果需要大量的冷色调，那么我们可以在蒙版 1 中进行色温以及色调的参数调整，如图 7-21 所示，这样就能够获得想要的效果，即人物色彩不变，整个环境的色彩发生了变化。

图 7-21

回到“基本”面板中进行微调，如图 7-22 所示。

图 7-22

7.2 实战案例二

本案例调整前后效果如图 7-23 和图 7-24 所示。

图 7-23

图 7-24

整体调整色调

单击“自动”按钮，对照片进行大致调整，如图 7-25 所示。

图 7-25

压暗环境

单击“蒙版”按钮，选择“选择主体”选项，如图 7-26 所示。

单击“反相”按钮，如图 7-27 所示。

图 7-26

图 7-27

环境压暗，如图 7-28 所示。

此时的环境太暗了，应提亮局部。单击“减去”按钮，选择“径向渐变”选项，如图 7-29 所示。

图 7-28

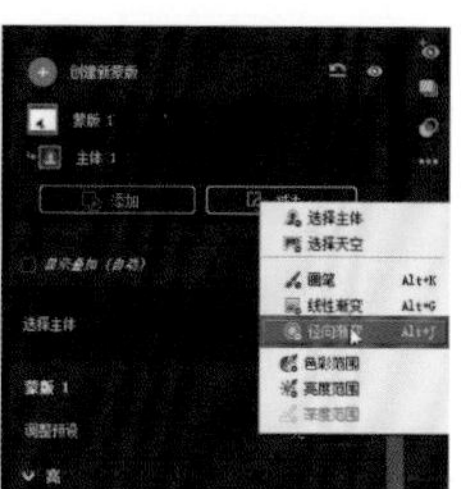

图 7-29

这样人物与环境之间的过渡变得自然了，如图 7-30 所示。可以看到，此时的画面效果还是不太理想，所以不能过度压暗环境，下面对其进行调整。

图 7-30

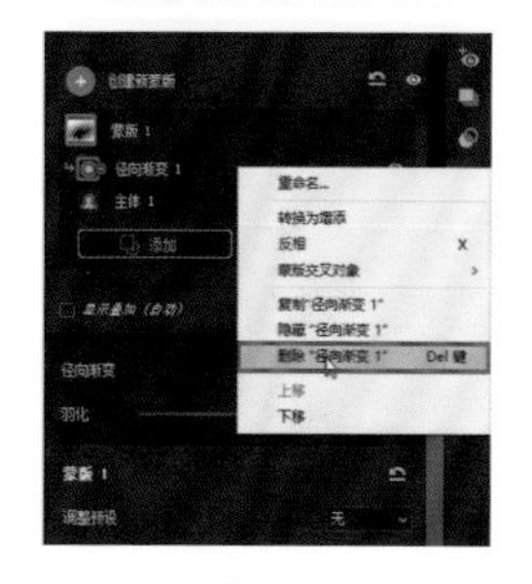

图 7-31

删除“径向渐变 1”，如图 7-31 所示。

将环境压暗成如图 7-32 所示的效果。

适当降低“去除薄雾”的值，如图 7-33 所示。

图 7-32

图 7-33

调整环境色调

调整“色温”及“色调”的值，如图 7-34 所示。

图 7-34

针对人物的明亮度进行调整，展开“混色器”面板，单击“明亮度”选项卡，提高“橙色”和“黄色”的值，如图 7-35 所示。

图 7-35

适当裁剪

适当裁剪照片，如图 7-36 所示。

图 7-36

利用径向渐变工具制作暗角

为了让人物更突出，可以制作暗角，单击右侧工具栏中的“蒙版”，然后单击“创建新蒙版”按钮，从弹出菜单中选择“径向渐变”，如图 7-37 所示。在照片中绘制出渐变区域，单击“反相”按钮，调整“亮”面板中的各参数值，如图 7-38 所示。

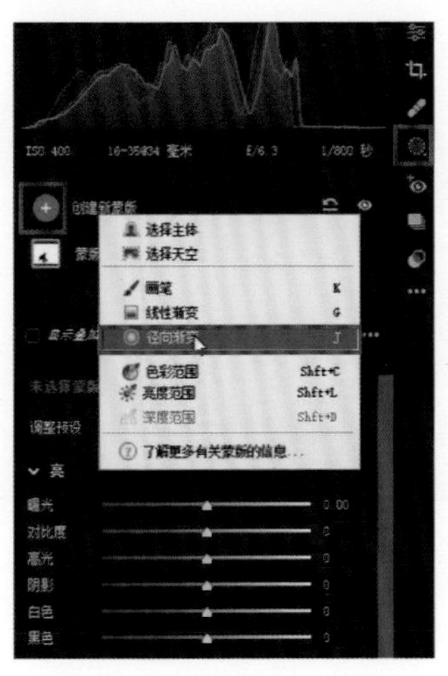

图 7-37

图 7-38

回到“基本”面板中做大致调整，如图 7-39 所示。

图 7-39

第 8 章　制作唯美人文人像

本章讲解如何制作唯美的人文人像。虽然在 ACR 中无法进行复杂的合成和细致的处理，但是 ACR 仍然能够帮助我们使照片达到我们期望的效果。因此，我个人认为 ACR 已经能够满足我们日常使用的需求。

8.1　实战案例一

本案例调整前后效果如图 8-1 和图 8-2 所示。

图 8-1

图 8-2

适当裁剪

适当对照片进行裁剪，如图 8-3 所示，裁剪后的效果如图 8-4 所示。

图 8-3

图 8-4

整体调整色调

裁剪之后，单击“自动”按钮，对这张照片进行大致调整，同时提高“清晰度”的值，如图 8-5 所示。

图 8-5

删除色差

放大照片，观察到人物边缘有紫边，如图 8-6 所示，所以我们需要在“光学”面板中选中“删除色差”复选框，如图 8-7 所示。

图 8-6

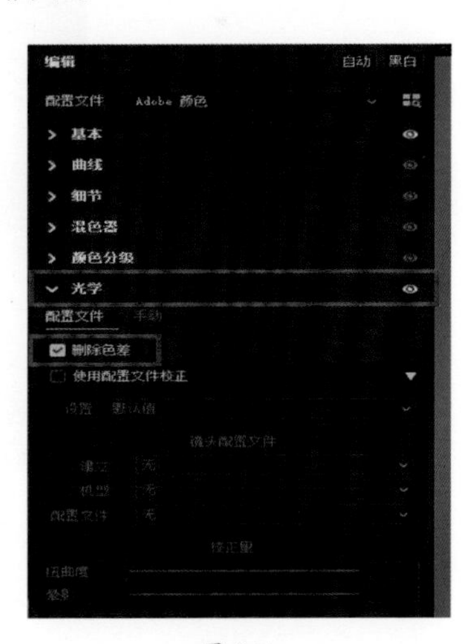

图 8-7

略微提高“曝光”的值，降低“纹理”的值，可以起到磨皮的作用，如图 8-8 所示。

图 8-8

选中环境

单击“蒙版”按钮，选择“选择主体”选项，如图 8-9 所示。

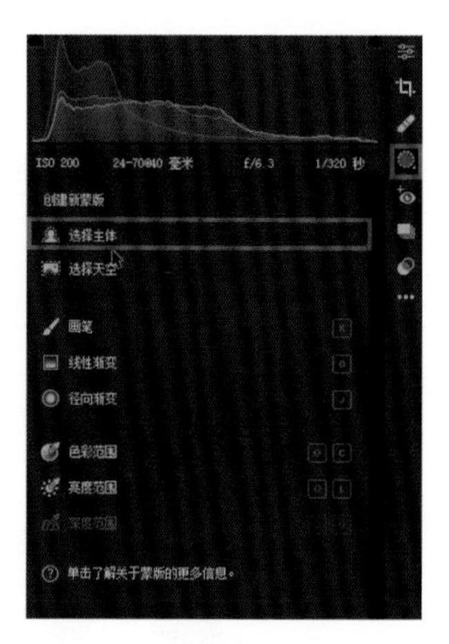

图 8-9

单击“反相”按钮，选中周边环境，如图 8-10 所示。

图 8-10

对环境进行大致调整

取消勾选“显示叠加”复选框，提高“阴影”和“黑色”的值，如图 8-11 所示。

图 8-11

略微降低饱和度，使画面看上去更有意境，如图 8-12 所示。

图 8-12

降低“纹理”“清晰度”和“去除薄雾”的值，如图 8-13 所示。

图 8-13

利用画笔工具打造云雾缥缈效果

房子的颜色太深了，如图 8-14 所示，所以需要弱化其存在感。

单击“创建新蒙版”按钮，选择“画笔”选项，如图 8-15 所示。

图 8-14

图 8-15

提高“羽化”的值，如图 8-16 所示，降低“清晰度”和“去除薄雾”的值，如图 8-17 所示。

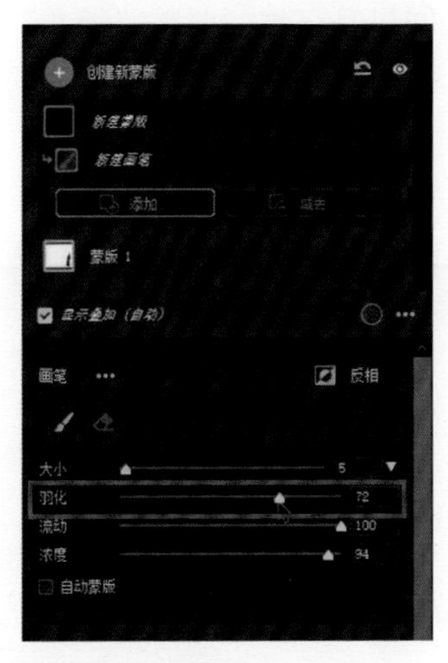

图 8-16

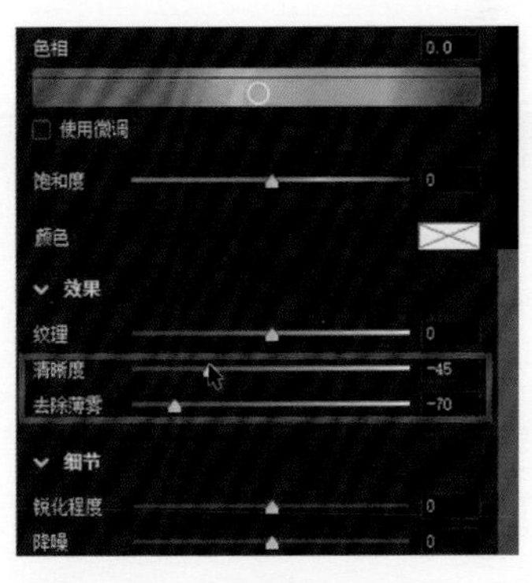

图 8-17

提高“曝光”和“黑色”的值，用画笔工具涂抹特别暗的区域，让画面有云雾缥缈的效果，如果觉得云雾的浓度太高，可以降低“流动”的值，提高“曝光”和“黑色”的值，如图 8-18 所示。

图 8-18

图 8-19

再添加一支画笔，如图 8-19 所示。如果想使画面更有层次，可以添加多个画笔工具对其进行调整。

调整“曝光”和“黑色”的值，如图 8-20 所示。

使人物与环境之间过渡自然，调整“曝光”和“黑色”的值，用画笔在人物周围涂抹，如图 8-21 所示。

图 8-20

图 8-21

单击“蒙版 1”，调整部分参数，优化画面效果，如图 8-22 所示。

照片调整前后效果如图 8-23 所示。

图 8-22

图 8-23

在处理绿叶时，如果觉得饱和度过高，我们可以使用“混色器”面板来进行调整，如图 8-24 所示。

图 8-24

对人物面部进行调整

单击右侧工具栏中的“蒙版”，然后单击“创建新蒙版”按钮，从弹出菜单中选择“选择主体”选项，如图 8-25 所示。

调整“纹理”和“降噪”的值，如图 8-26 所示。

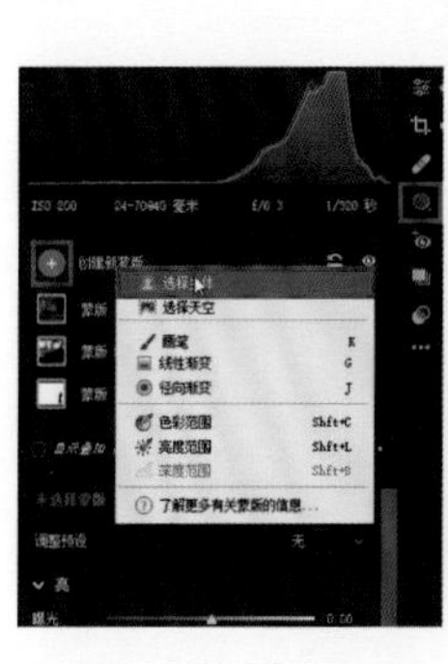

图 8-25

图 8-26

单击“蒙版 4”后面的“更多选项”按钮，将鼠标指针移至“蒙版交叉对象”选项上，选择“画笔”选项，如图 8-27 所示，利用画笔工具在面部进行大致的涂抹，如图 8-28 所示。

图 8-27

图 8-28

单击右侧工具栏中的“编辑”，在“颜色分级”面板中，对照片整体的色调进行调整，如图 8-29 所示。

图 8-29

8.2 实战案例二

本案例调整前后效果如图 8-30 和图 8-31 所示。

图 8-30

图 8-31

整体调整色调

单击“自动”按钮，对照片整体进行调整，如图 8-32 所示。

图 8-32

删除色差

放大照片，可以观察到物体边缘有紫边，如图 8-33 所示。在“光学”面板中选中“删除色差”复选框，同时降低“紫色”的值，即可删除紫边，如图 8-34 所示。

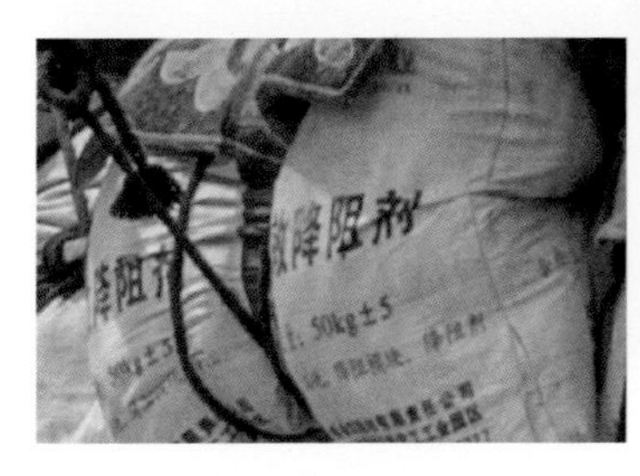

图 8-33

图 8-34

选中主体以外的区域并调整色调

单击“蒙版”按钮，选择“选择主体”选项，如图 8-35 所示。

选区如图 8-36 所示，然后单击“反相”按钮，如图 8-37 所示。

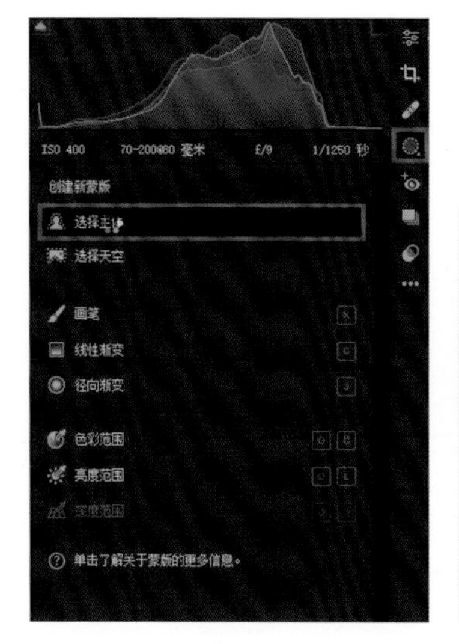

图 8-35

图 8-36

图 8-37

取消选中“显示叠加”复选框，降低“纹理”“清晰度”和“去除薄雾”的值，如图 8-38 所示。

图 8-38

调整色温和色调，如图 8-39 所示。

图 8-39

打造尘土飞扬效果

单击“创建新蒙版”按钮，选择“画笔”选项，如图 8-40 所示。

在“效果”面板中降低“清晰度”和“去除薄雾”的值，如图 8-41 所示，使主体和其他区域之间过渡自然，如图 8-42 所示。

图 8-40

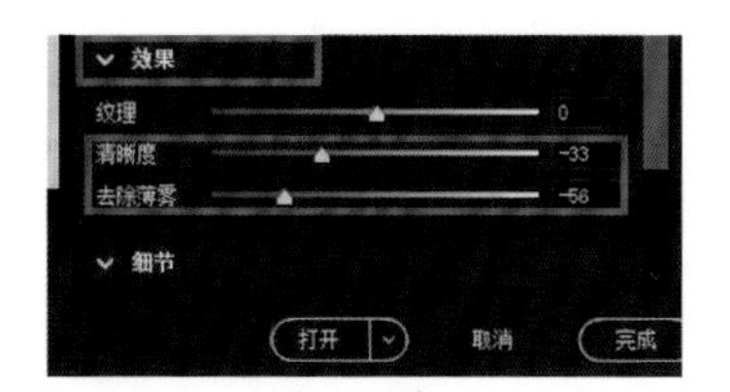

图 8-41

然后用画笔在比较暗的区域涂抹，效果如图 8-43 所示。

图 8-42

图 8-43

利用画笔工具还原细节

如果觉得骆驼和羊区域被遮挡太多，可在蒙版 1 中单击“减去”按钮，选择“画笔”选项，如图 8-44 所示。

用画笔工具涂抹这些区域，如图 8-45 所示。

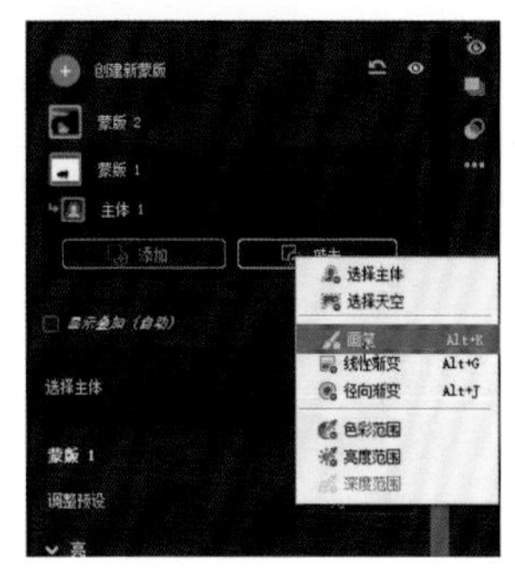

图 8-44

图 8-45

这个区域也需还原，可以调整画笔大小后进行涂抹，让过渡更自然，如图 8-46 所示。

图 8-46

回到“基本”面板中调整色温和自然饱和度，如图 8-47 所示。

图 8-47

将主体打造成暖色调

单击右侧工具栏中“蒙版”，然后单击“创建新蒙版”按钮，从弹出菜单中选择“选择主体”选项，如图 8-48 所示。

对主体进行提亮并提高“对比度”和“色温”的值，以突出主体，如图 8-49 所示。

图 8-48

图 8-49

按 Shift 键，单击“交叉”按钮，选择“画笔”选项，如图 8-50 所示。

用画笔工具涂抹主体，如图 8-51 所示。

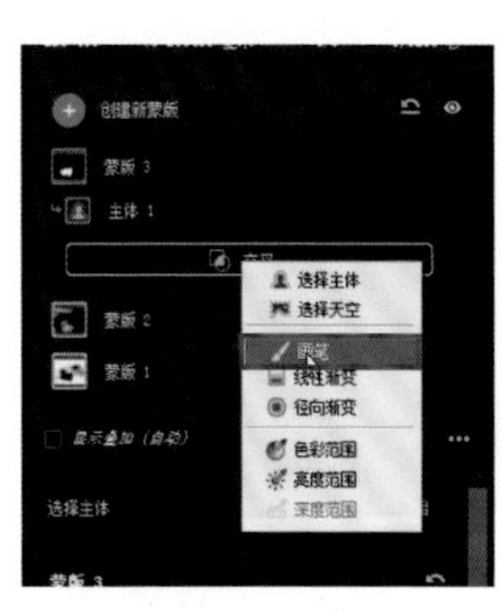

图 8-50

图 8-51

第 9 章　打造城市夜景高级色调

本章介绍了在 ACR 中制作城市夜景高级色调。传统的调整城市夜景的方法是打造照片的冷暖色调对比，且冷色调占比较大，本章讲解的则是有别于传统城市夜景的调整方法。

9.1　实战案例一

本案例调整前后效果如图 9-1 和图 9-2 所示。

图 9-1

图 9-2

几何校正

“几何”面板中有多种校正模式，如图 9-3 所示在这里我们选择手动校正，按住鼠标左键，如图 9-4 所示绘制参考线。

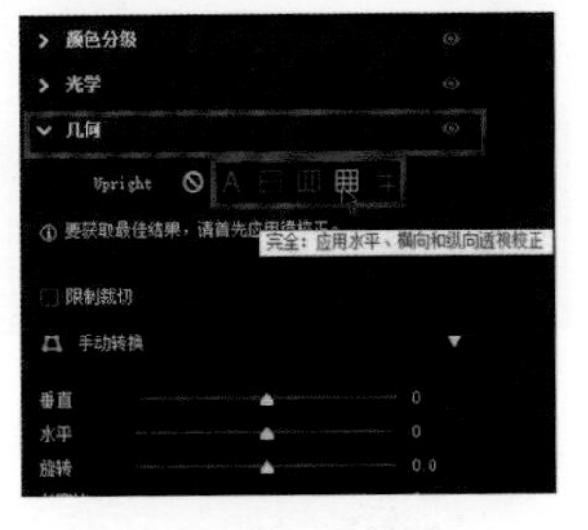

图 9-3

图 9-4

同理，再拉出一根参考线，如图 9-5 所示。

图 9-5

如果觉得调整效果不太理想，可以对参考线进行调整，但不能让建筑物变形太多，如图 9-6 所示。

图 9-6

适当裁剪

适当对照片进行裁剪，如图 9-7 所示。

图 9-7

整体调整色调

裁剪之后，单击“自动”按钮，然后对“基本”面板中的参数进行大致调整，如图 9-8 所示。

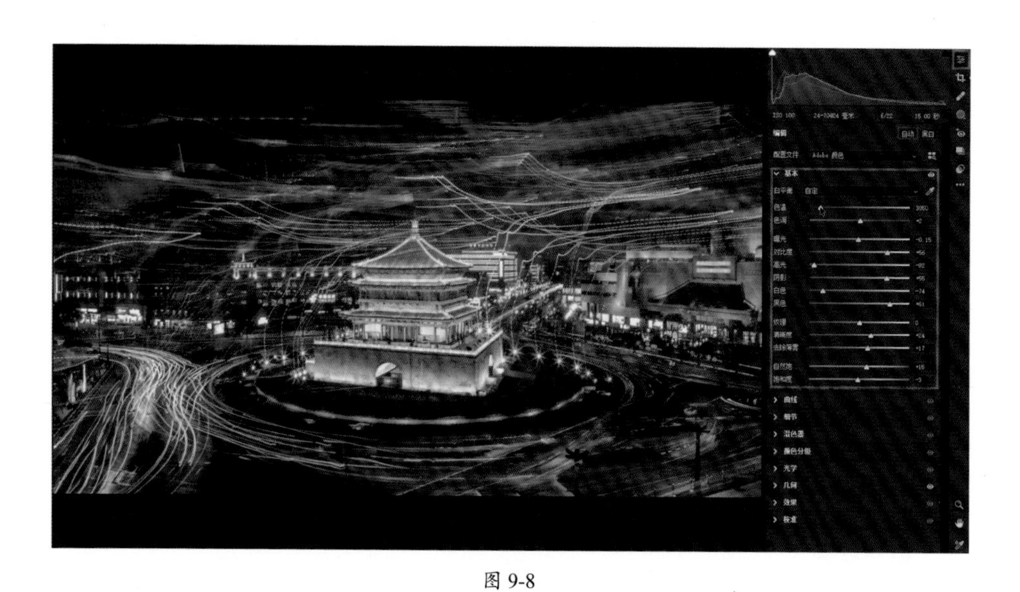

图 9-8

保留整个画面的主色调，降低自然饱和度，如图 9-9 所示。

图 9-9

提高暖色调的饱和度

提高画面中暖色调的饱和度，如图 9-10 所示。

图 9-10

使暖色调偏橙色，单击“混色器”面板中的“色相”选项卡，调整“橙色”和“黄色”滑块，如图 9-11 所示。

图 9-11

使冷色调偏青绿色

将冷色调成偏青绿色的效果，调整“色相”选项卡下方的“蓝色”和“紫色”滑块，如图 9-12 所示。

图 9-12

降低冷色调的饱和度和明亮度，如图 9-13 和图 9-14 所示。

图 9-13

图 9-14

处理夜景照片时，以暖色调为主色调，并辅以冷色调作为点缀，可以使整个画面看起来更干净，既不过于复杂也不过于单调。

调整阴影部分的色调

在“颜色分级”面板中将“阴影”色盘上的光标稍稍向左下角移动，如图 9-15 所示。

图 9-15

降低阴影部分的明亮度，如图 9-16 所示，这样冷暖对比会更加明显。

图 9-16

9.2 实战案例二

本案例调整前后效果如图 9-17 和图 9-18 所示。

图 9-17

图 9-18

几何校正

在“几何”面板中单击“自动应用平衡透视校正”按钮，如图 9-19 所示。

图 9-19

营造冷暖对比

在“基本”面板中对参数做简单的调整，以营造冷暖对比，参数调整如图 9-20 所示。

图 9-20

要营造冷暖对比，还可以采用下面这种方法。展开“校准”面板，如图 9-21 所示，这里可以调整阴影的色调，以及红原色、绿原色、蓝原色的色相和饱和度。

图 9-21

将蓝原色的“色相”滑块向左移动，原先的蓝原色就会呈现出偏青绿色的效果，然后降低饱和度，如图 9-22 所示。

图 9-22

返回“基本”面板，略微降低自然饱和度，如图 9-23 所示。

图 9-23

在“混色器”面板中提高暖色调的饱和度，使画面层次更丰富，如图 9-24 所示。

图 9-24

利用线性渐变工具压暗天空

单击“蒙版”按钮，选择“线性渐变”选项，如图 9-25 所示，降低“曝光”的值，压暗天空，如图 9-26 所示。

图 9-25

图 9-26

压暗偏亮的区域

可以利用画笔工具压暗偏亮的区域，如图 9-27 所示，

也可以单击“减去”按钮，选择“亮度范围”选项，如图 9-28 所示，然后单击需要压暗的偏亮的区域，如图 9-29 所示。

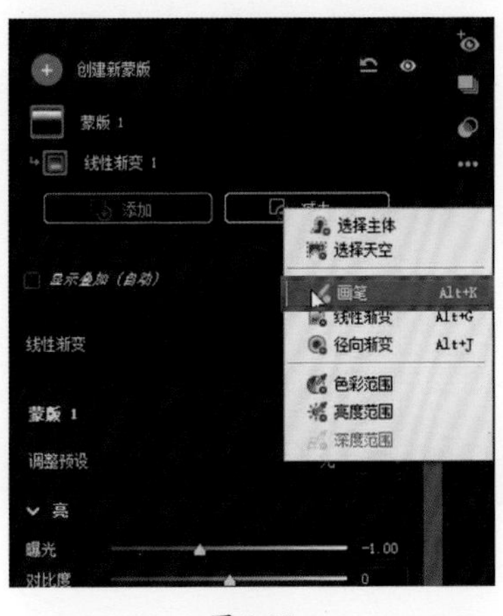

图 9-27

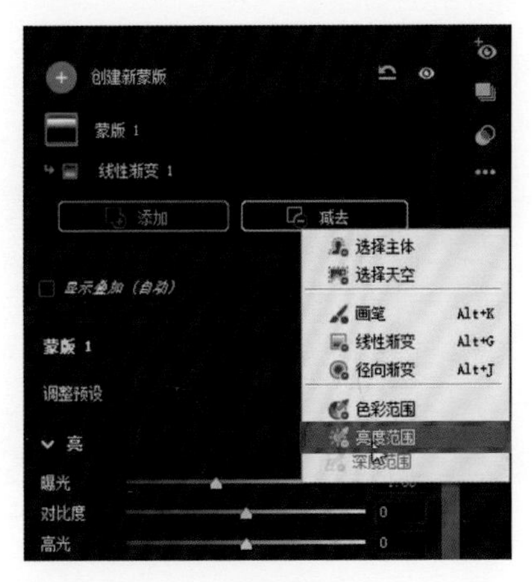

图 9-28

图 9-29

控制亮度范围，如图 9-30 所示。

图 9-30

还可以在添加“线性渐变”选项，如图 9-31 所示，把偏亮的区域压暗，如图 9-32 所示。

图 9-31

图 9-32

回到“基本”面板，对相关参数进行调整，以优化画面效果，如图 9-33 所示。

图 9-33

在“颜色分级”面板中，拖动“阴影”和“高光”色盘上的光标，给阴影部分加一点冷色调，给高光部分加一点橙色调，如图 9-34 所示。

图 9-34

第 10 章　制作黑白影像

本章讲解黑白影像制作手法。黑白照片一直备受广大摄影师的喜爱。初学者如果对于色彩或者明暗关系还没有把握好，可以先学习制作黑白影像，因为黑白影像没有复杂的色彩关系，更易于处理。初学者基于对黑白照片中明暗关系的理解，可以逐渐理解彩色照片中明暗关系的运用。

10.1　实战案例一

打开有 7 个色块的图片，如图 10-1 所示，这张图片的作用是让大家更加清楚地掌握色彩明亮度的变化。

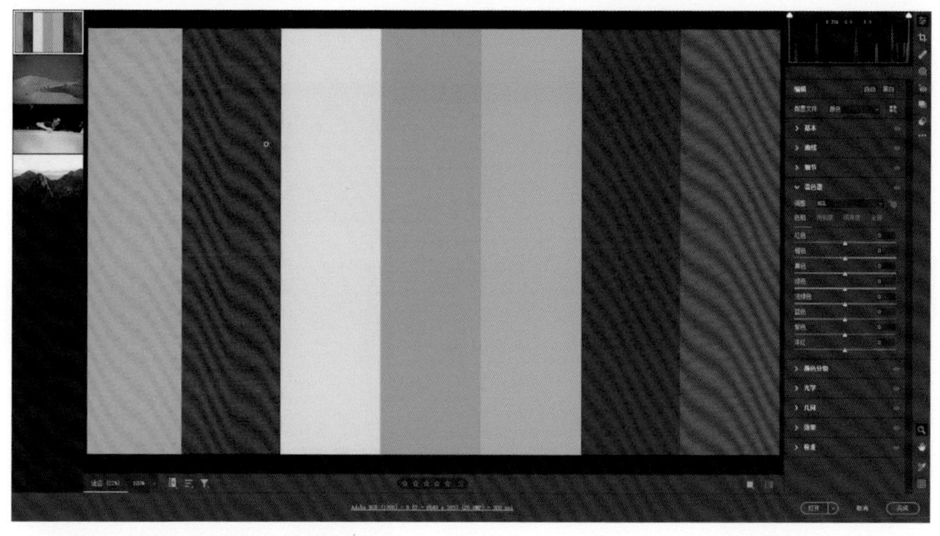

图 10-1

转换为黑白影像

在“自动”按钮旁边有一个“黑白”按钮，如图 10-2 所示，单击该按钮可以将照片转换为黑白。

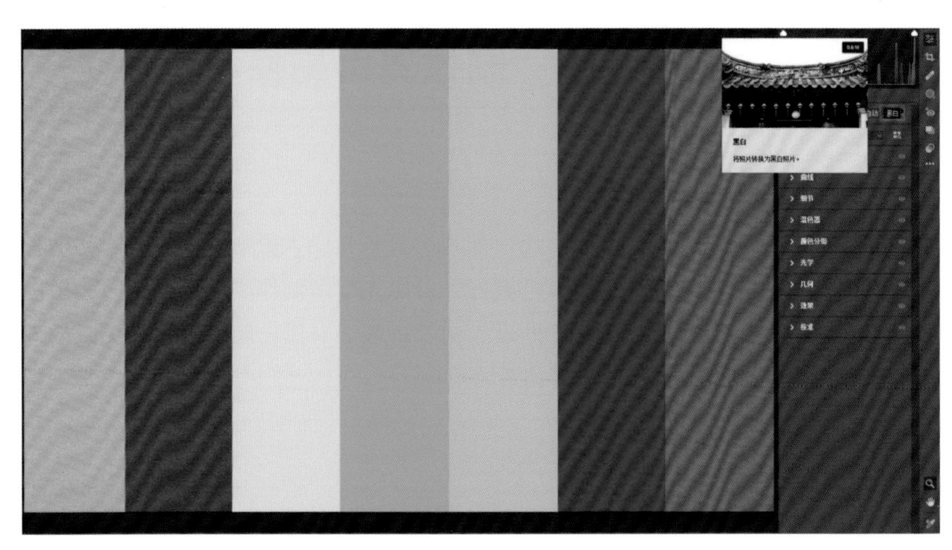

图 10-2

要将这张图片转换为黑白影像，单击“黑白”按钮进行转换和如图 10-3 所示直接降低饱和度进行转换的效果是有区别的。

图 10-3

直接降低“饱和度”参数无法控制黑色和白色的明亮度，如图 10-4 所示，只能通过画笔等工具控制局部的明亮度，所以不建议大家使用这种方式。

图 10-4

单击“黑白”按钮将照片转换为黑白影像，如图 10-5 所示。

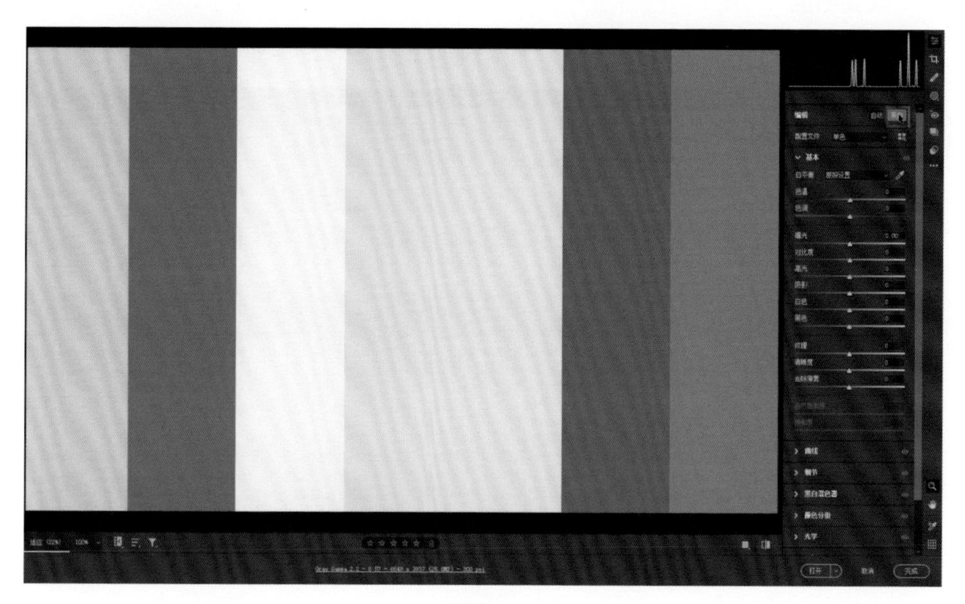

图 10-5

转换之后，略微降低“曝光”的值，如图 10-6 所示。

图 10-6

改变明度

“黑白混色器”面板仅能用于改变颜色的明度，如图 10-7 所示。

图 10-7

以蓝色色块为例，蓝色色块是从右往左数第二个，将“黑白混色器”面板中的“蓝色”滑块向左移动，蓝色色块就会变暗，如图 10-8 所示。

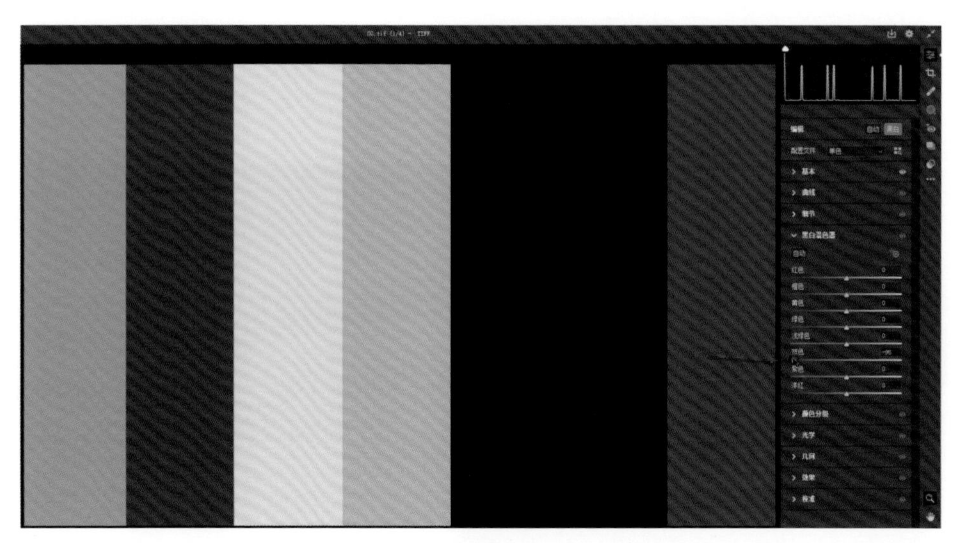

图 10-8

向右移动“蓝色”滑块，蓝色色块就会变亮，如图 10-9 所示。

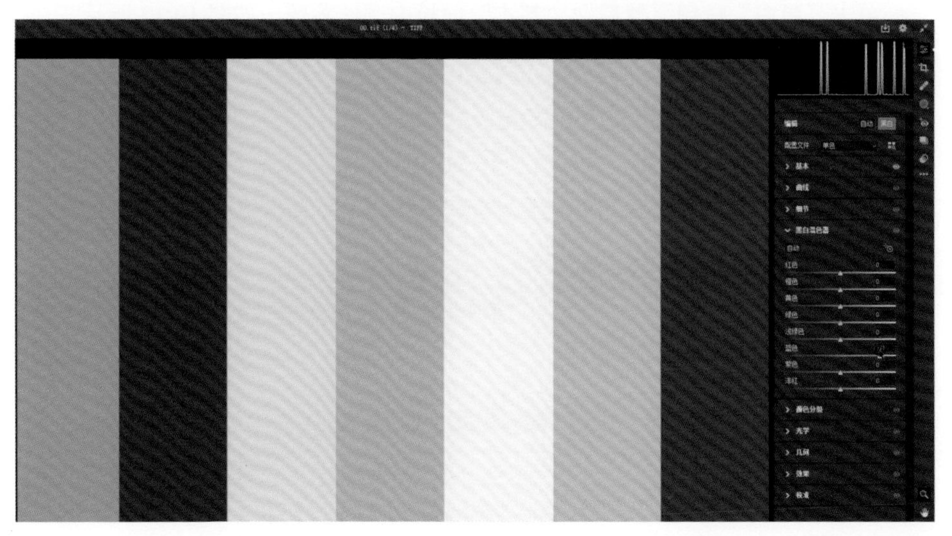

图 10-9

通过这种方式，我们可以对画面局部的明度进行调整。本案例所使用的这张图片中有紫色、蓝色以及红色等色块，每个滑块都对应着相应颜色色块的明度变化。因此，我们能够清楚地知道应该控制哪个滑块。

10.2 实战案例二

本案例调整前后效果如图 10-10 和图 10-11 所示。

图 10-10

图 10-11

转换为黑白影像

单击“黑白”按钮，然后在“基本”面板中调整参数，如图 10-12 所示。

图 10-12

在将照片转换为黑白影像之前，可以观察到在画面中占比较大的天空呈蓝色，如图 10-13 所示。

图 10-13

调整明度

在“黑白混色器”面板中将蓝色的滑块向左移动，即可降低天空的明度，如图 10-14 所示，这样可以突出下方的主体。

图 10-14

对于各滑块对应的颜色，我们可以通过直接移动滑块来调整其明度。对于其他颜色的明度的调整，我们可以使用“黑白混色器”面板中的灰度混合目标调整工具，如图 10-15 所示。

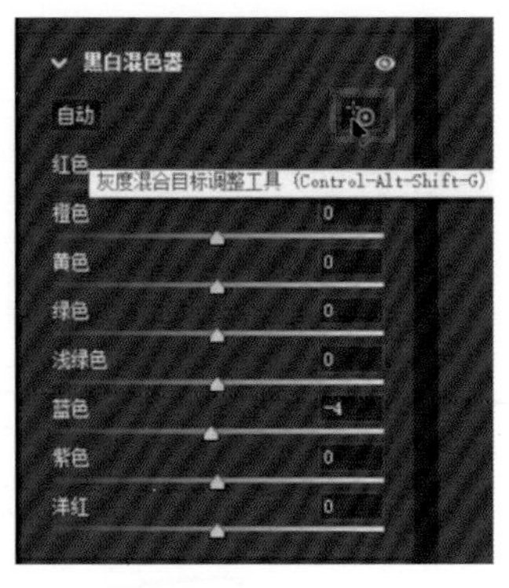

图 10-15

把鼠标指针移到画面中，指针旁边会显示此处原来的颜色，如图 10-16 和图 10-17 所示。

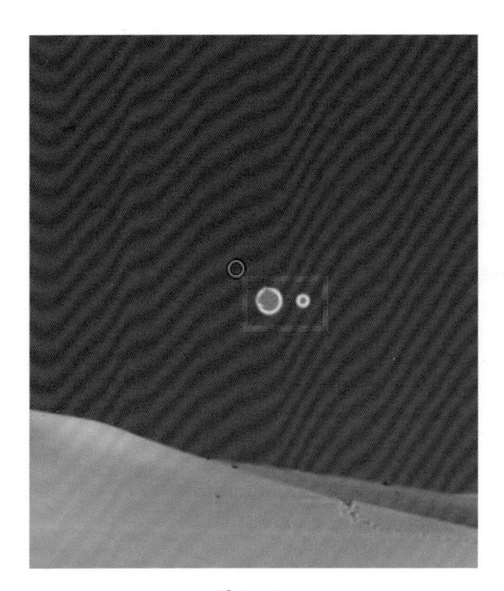

图 10-16

图 10-17

鼠标指针的位置越向左，颜色越深，如图 10-18 所示；鼠标指针的位置越向右，颜色越淡，如图 10-19 所示。

图 10-18

图 10-19

采用相同的方法对其他区域进行调整，如图 10-20 所示。

图 10-20

10.3 实战案例三

本案例调整前后效果如图 10-21 和图 10-22 所示。

图 10-21

图 10-22

对人物面部进行调整

单击“黑白”按钮将照片转换为黑白影像，如果想提亮人物面部，可以展开“黑白混色器”面板，向右拖动“橙色”滑块，如图 10-23 所示。

图 10-23

单击“自动”按钮，然在此基础上调整“基本”面板中的各参数，如图 10-24 所示。

图 10-24

降低“阴影”的值，这时可以观察到人物面部的亮度也降低了，如图 10-25 所示。

图 10-25

适当裁剪

裁剪掉背景中不重要的区域，因为这些区域会让我们对整个画面的判断产生影响，如图 10-26 所示。

图 10-26

压暗屋顶

裁剪之后，需要降低屋顶的亮度。先观察一下屋顶的色彩，单击“黑白”按钮恢复照片的色彩，如图 10-27 所示，可以看到屋顶的色彩不易识别，所以我们没办法利用“黑白混色器”去降低其明度。

图 10-27

此时可以单击“蒙版”按钮，选择“选择主体”选项，如图 10-28 所示，选区图 10-29 所示。

图 10-28

图 10-29

单击“反相”按钮，如图 10-30 所示。

图 10-30

降低“曝光”“高光”和“白色”的值，如图 10-31 所示。

图 10-31

利用线性渐变工具压暗

要竹篾的亮度降低，单击“减去”按钮，从弹出菜单中，选择“线性渐变”选项，如图 10-32 所示。

图 10-32

向上拖出线性渐变区域，降低画面下方的亮度，如图 10-33 所示。

图 10-33

单击“编辑”，通过降低“曝光”的值压暗画面整体，如图 10-34 所示。

图 10-34

可以观察到人物的面部偏暗，此时就需要在“黑白混色器”面板中向右移动“橙色”的滑块，如图 10-35 所示。

图 10-35

对人物进行提亮

单击“创建新蒙版”按钮，然后选择“选择主体”选项，如图 10-36 所示。

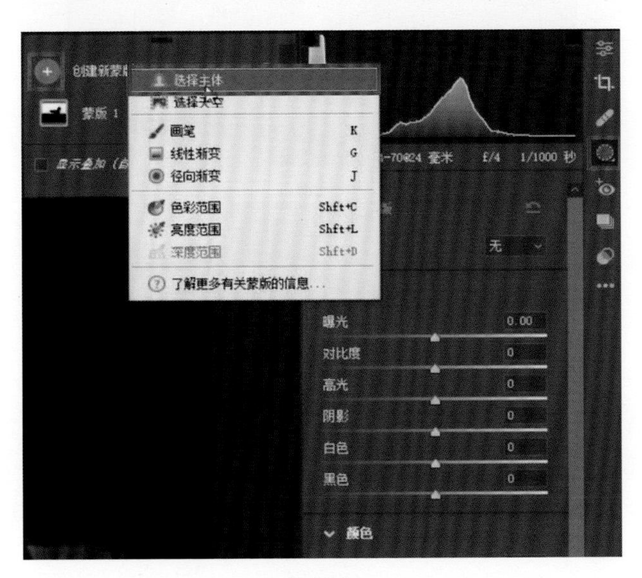

图 10-36

提高“曝光”的值，如图 10-37 所示。

图 10-37

单击蒙版 2 后面的“更多选项”按钮，将鼠标指针移至“蒙版交叉对象”选项上，然后选择“画笔”选项，如图 10-38 所示。

图 10-38

利用画笔工具涂抹需要提亮的区域，如图 10-39 所示。

针对局部进行调整

我们还可以调整“锐化”等参数，以优化局部效果，如图 10-40 所示。

图 10-39

图 10-40

更改色彩空间

如果是首次利用 ACR 制作黑白影像，那么我们还需要更改色彩空间，单击界面下方的链接，如图 10-41 所示。

图 10-41

在弹出的对话框中把色彩空间改成“Adobe RGB（1998）”，单击“确定”按钮，如图 10-42 所示。

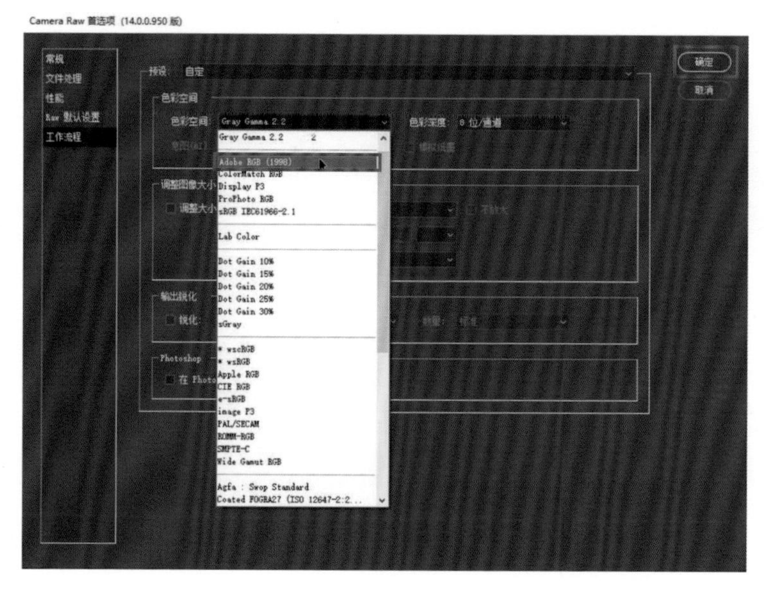

图 10-42

修改好色彩空间后，下次再制作黑白影像时就不需要更新设置了。

第 11 章　经典实战案例：创

创是本章的主题。本章包含前期拍摄和后期处理的内容，旨在介绍一种创新思维方法。熟练运用前期拍摄和后期处理的技巧，可以使照片呈现不同的视角和效果。

图 11-1 和图 11-2 所示的两张照片均是在南浔古镇拍摄的。

图 11-1

图 11-2

我们可以将图 11-1 和图 11-2 这两张照片打造成如图 11-3 所示的效果。

图 11-3

拍这张照片的时候，我想要得到动静结合的效果，所以将快门速度设置成了 4 秒，如图 11-4 所示。

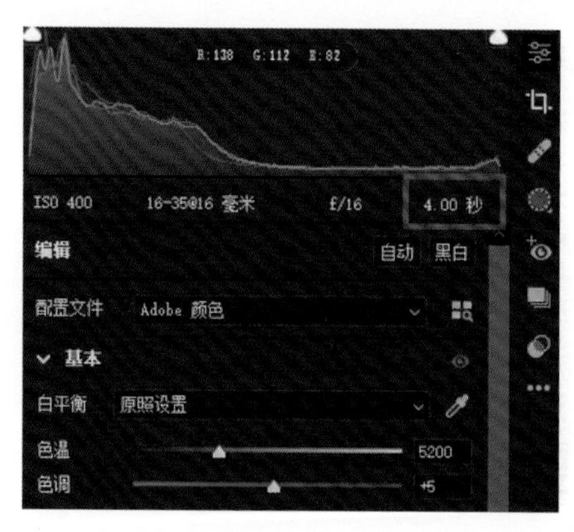

图 11-4

当时画面左侧有一个人撑着一把伞走过，如图 11-5 所示。画面右侧的老人则基本处于静止状态，如图 11-6 所示。

图 11-5

图 11-6

后期处理技术可以弥补照片存在的缺陷。如果你拍摄的照片中的人物过度虚化，也可以运用后期处理技术来修复，或者通过合成技术对主体模糊的照片进行处理，以获得更理想的效果。当然，在拍摄过程中与被摄者沟通并请求他们保持静止也是一个很好的方法，但有时候被摄者可能不愿意配合你。

后期处理技术具有很强的灵活性和创造力，能够使照片呈现前期拍摄无法达到的效果，并且更具个性和创新性。

11.1 统一调整两张照片

全选两张照片，如图 11-7 所示，因为这两张照片的场景是一样的，所以二者的曝光量等参数也基本相同。

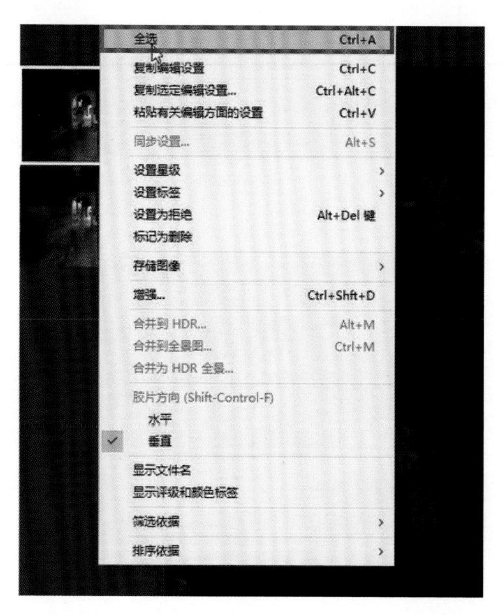

图 11-7

单击“自动”按钮，降低自然饱和度，两张照片的效果都会发生变化，如图 11-8 所示。

图 11-8

放大照片，可以看到紫边，如图 11-9 所示，在“光学”面板中勾选“删除色差”复选框即可删除紫边，如图 11-10 所示。

图 11-9

图 11-10

在“混色器”面板中提高橙色的明亮度，以提亮人物面部，如图 11-11 所示。

图 11-11

在 Camera Raw 界面左侧用鼠标右键单击照片缩览图，从弹出菜单中，选择“同步设置”选项，如图 11-12 所示。

图 11-12

同步设置两张照片后，对于一张照片来说该设置可能是正好的，但相同的参数可能在另一张照片得到不一样的效果，因此，下面这张会稍微暗一点，稍稍提高“曝光”的值，如图 11-13 所示。

图 11-13

按 Crtl+A 组合键全选两张照片，单击“打开”按钮，进入 PS，如图 11-14 所示。

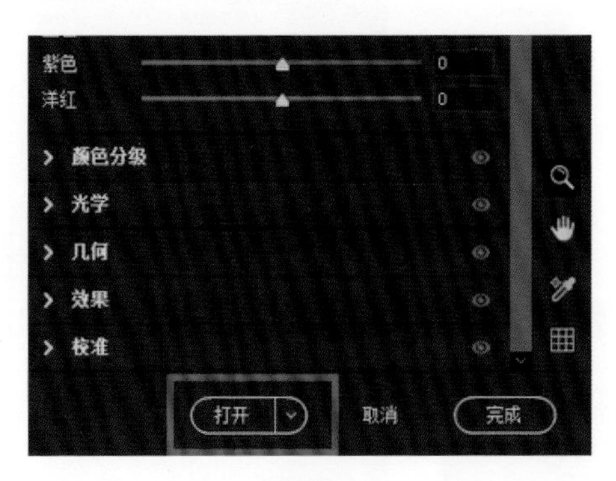

图 11-14

11.2　将两张照片重叠

利用移动工具，将人物背影清晰的照片拖动到另一张照片上，使二者重叠，如图 11-15 所示。

按住 Shift 键的同时选中一张照片，然后单击下一张照片的空白处，就可以同时选中两张照片，如图 11-16 所示。

图 11-15

在菜单栏中单击“编辑”按钮，选择“自动对齐图层”选项，如图 11-17 所示。

图 11-16

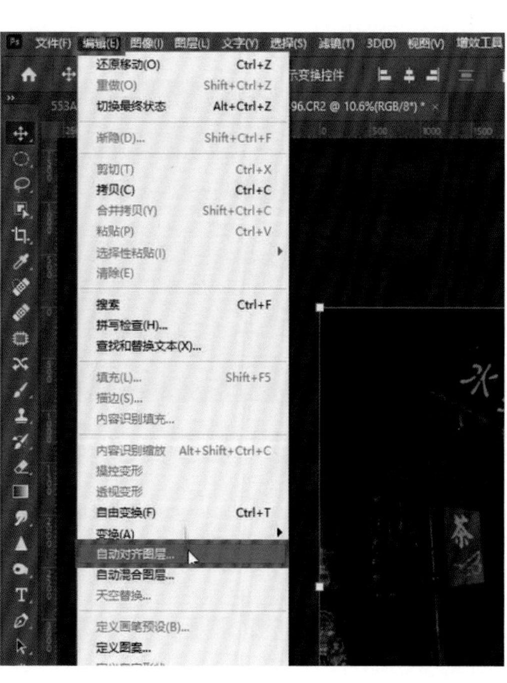

图 11-17

11.3 把人物涂抹出来

给“图层 1”添加一个蒙版，如图 11-18 所示。

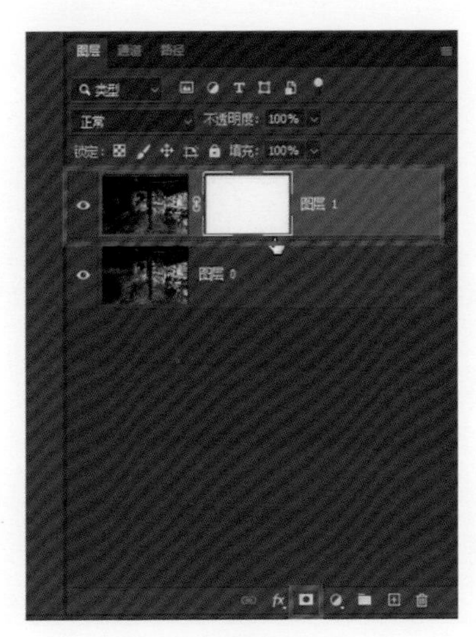

图 11-18

在工具栏中找到画笔工具，将前景色设为黑色，如图 11-19 所示。

图 11-19

在工具属性栏中可以直接调整画笔大小的数值，如图 11-20 所示，这样无法直观地看到画笔工具的大小变化。

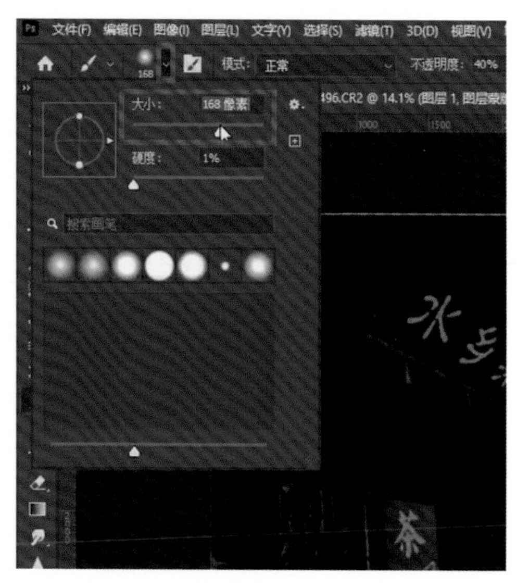

图 11-20

切换到英文输入法，然后按键盘上的方括号键，这样能在照片上直观地看到画笔工具的大小变化，如图 11-21 所示。

图 11-21

把人物涂抹出来，如图 11-22 所示。

图 11-22

如果想要还原，可以把前景色切换成白色，然后再涂抹，如图 11-23 所示。

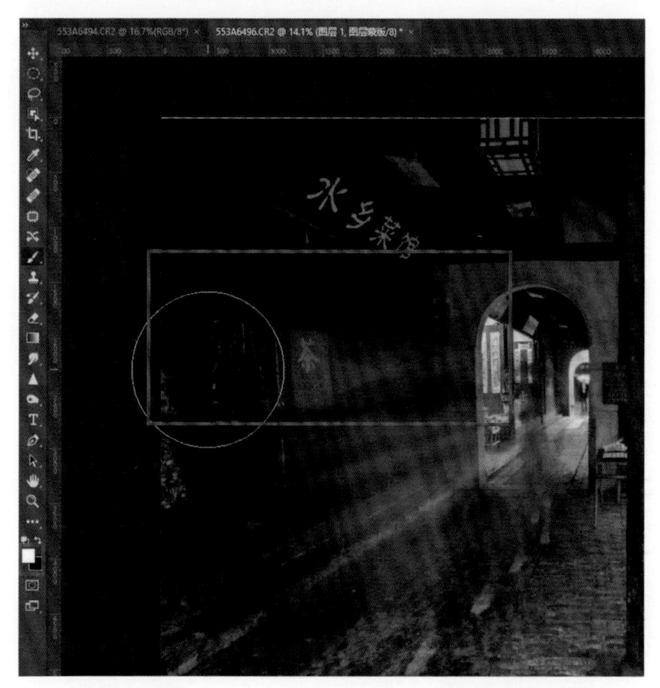

图 11-23

11.4　盖印图层并回到 ACR 中

按 Ctrl+Shift+Alt+E 组合键盖印图层，如图 11-24 所示。

图 11-24

选择“滤镜”菜单中的“Camera Raw 滤镜”选项，如图 11-25 所示。

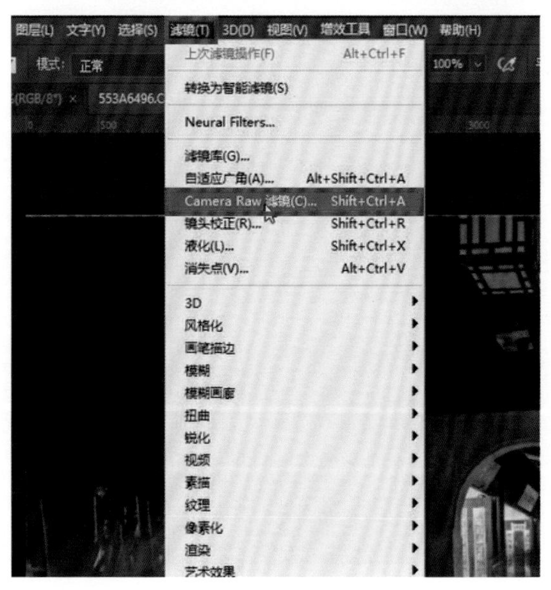

图 11-25

回到 ACR 中，再对整体进行大致的调整，如图 11-26 所示。

图 11-26

11.5　利用径向渐变工具制作暗角

单击“蒙版”按钮，选择“径向渐变”选项，如图 11-27 所示。

图 11-27

在照片中绘制径向渐变选区，然后单击“反相”按钮，降低“曝光”值，压暗周围环境，制作暗角，如图 11-28 所示。

图 11-28

11.6 利用画笔工具还原局部

利用画笔工具把主体还原，如图 11-29 和图 11-30 所示。

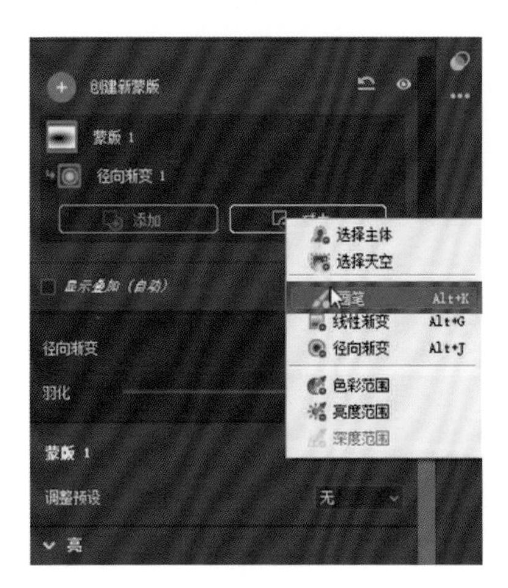

图 11-29

图 11-30

取消勾选“自动蒙版”复选框，再涂抹周围环境的部分区域，如图 11-31 所示。

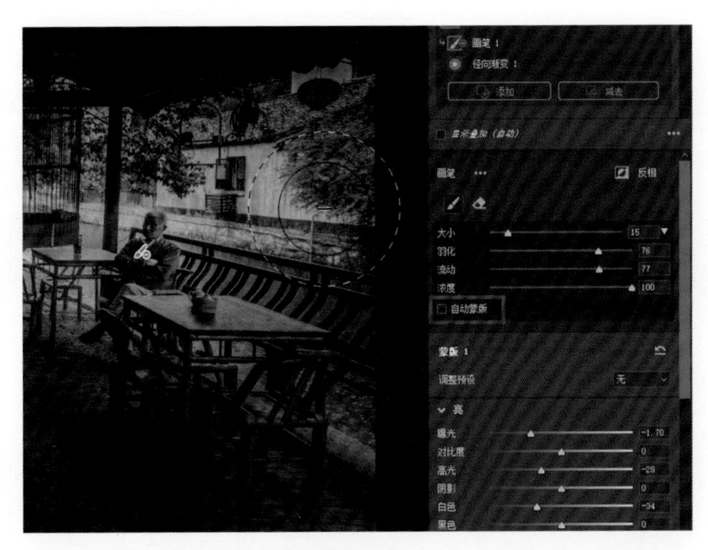

图 11-31

11.7　进入 PS 并合并图层

单击“确定”按钮，进入 PS 中，如图 11-32 所示。

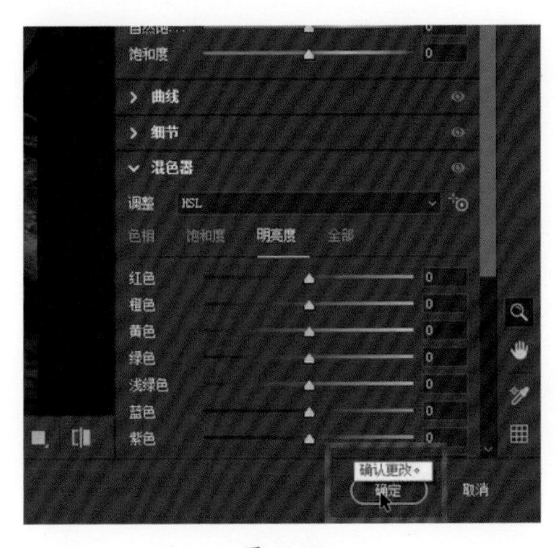

图 11-32

在图层空白处单击鼠标右键，选择“拼合图像”选项合并图层，如图 11-33 所示。

图 11-33

第 12 章　经典实战案例：变

本章的主题是变，即“变废为宝”，也就是对废片做创意合成。

图 12-1 所示是一张水乡照片，可以观察到这张照片感染力不强，对此，我们可以通过将其与徽派建筑照片进行合成，来增强其感染力。

图 12-1

合成效果如图 12-2 所示。

图 12-2

12.1 几何校正

在“几何”面板中，单击“自动：应用平衡透视校正”按钮，对这张照片进行几何校正，如图 12-3 所示。

图 12-3

12.2 适当裁剪

把四周的一些区域裁剪掉，使画面更显饱满，如图 12-4 所示。

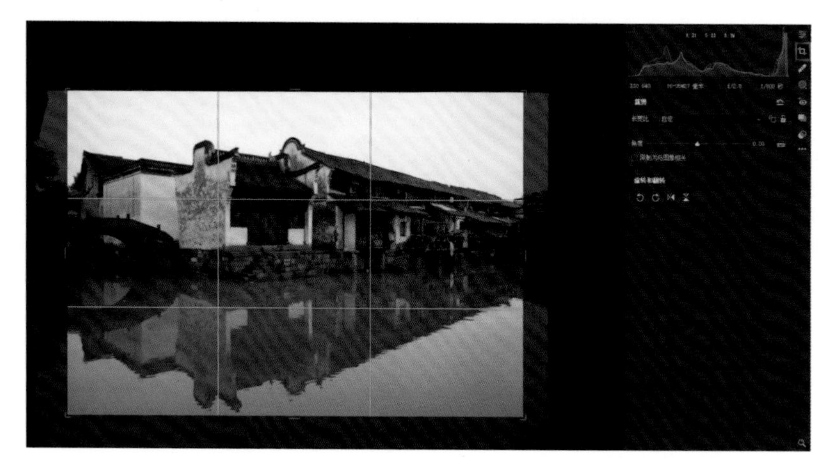

图 12-4

对这张徽派建筑照片进行几何校正，使这面墙在视觉上垂直于水平面，如图 12-5 所示。

图 12-5

适当裁剪照片，以突出墙，如图 12-6 所示。

图 12-6

12.3 对两张照片进行大致的调整

接下来对这两张照片进行大致的色调调整，单击“自动”按钮，然后调整“基本”面板中的参数，把高光区域和暗部的细节还原，如图 12-7 和图 12-8 所示。

图 12-7

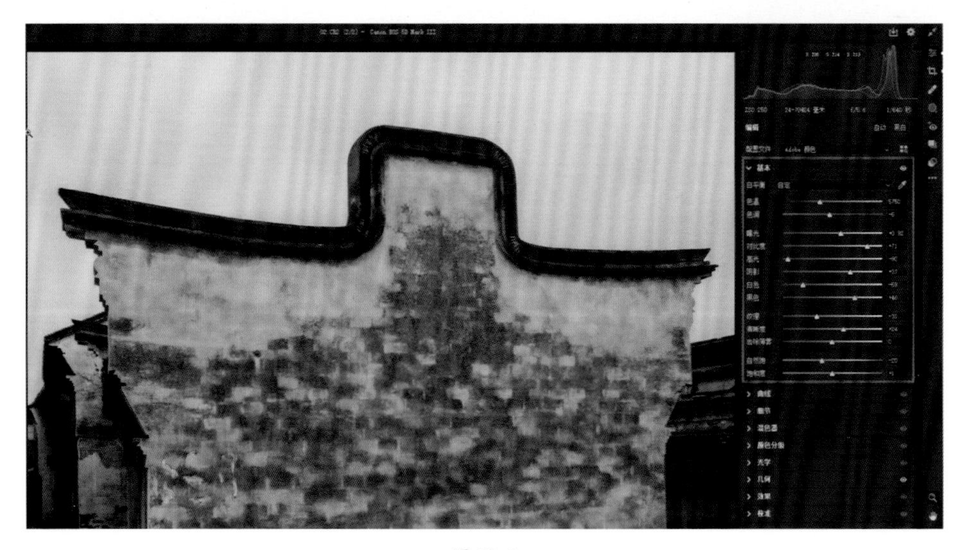

图 12-8

按 Ctrl+A 组合键全选两张照片，单击“打开”按钮，进入 PS，如图 12-9 所示。

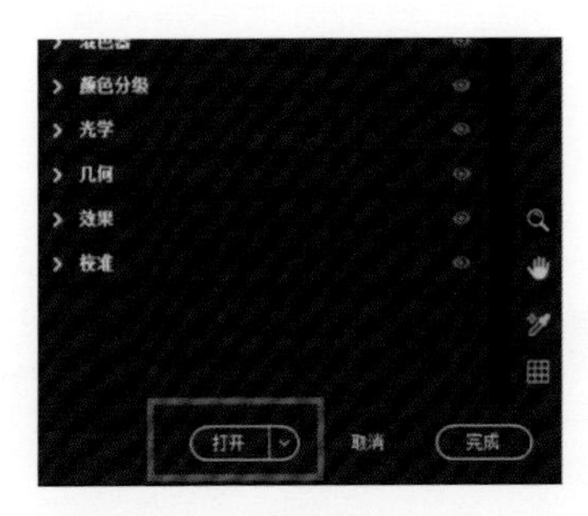

图 12-9

要使一张照片从众多照片中脱颖而出，我们可以采取一些操作来赋予它独特的内涵。

12.4　将两张照片叠加

接下来，我们可以选择移动工具将这张照片拖入一个墙体中，打造在墙上进行绘画的效果，如图 12-10 所示。

图 12-10

在 Ctrl +T 组合键可对照片进行自由变换，缩小水乡照片，将其放到合适的位置，然后双击这张照片，如图 12-11 和图 12-12 所示。

图 12-11

图 12-12

有两种方式可以用来叠加照片。第一种是将图层混合模式，由“正常”改为“正片叠底”，如图 12-13 和图 12-14 所示。

图 12-13

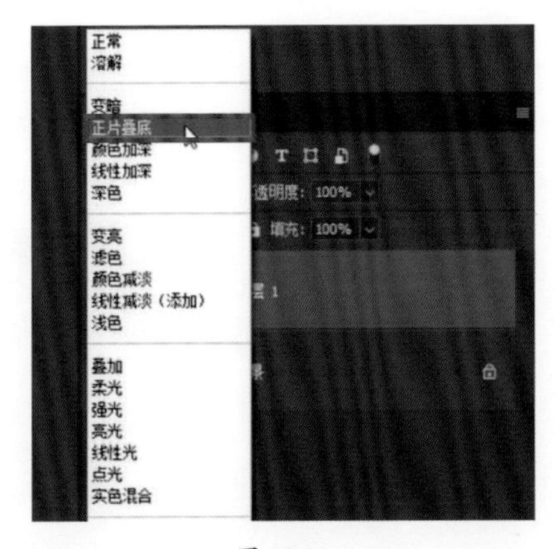

图 12-14

第二种是直接添加一个蒙版，然后降低不透明度，因为这张照片不需要太实，如图 12-15 所示。

图 12-15

12.5　利用渐变工具使两张照片融合在一起

现在选择渐变工具，找到线性渐变，选择“前景色到透明渐变”模式，把不透明度控制在 30% 左右，使边缘过渡自然，如图 12-16 和图 12-17 所示。

图 12-16

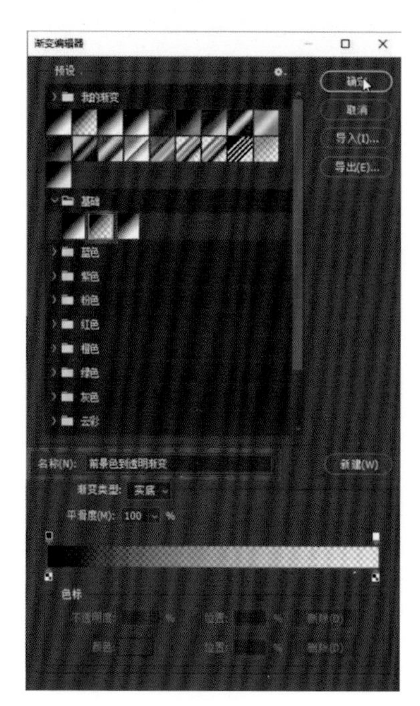
渐变编辑器
预设
确定
取消
导入(I)...
导出(E)...
我的渐变
基础
蓝色
紫色
粉色
红色
橙色
绿色
灰色
云彩
名称(N): 前景色到透明渐变
新建(W)
渐变类型: 实底
平滑度(M): 100 %
色标
不透明度
位置
删除(D)
颜色

图 12-17

12.6 添加纹理

要想让整个画面有更明显的复古效果，就需要添加纹理。可以观察到这面墙本身的纹理就很好看，如图 12-18 所示。

图 12-18

选中背景图层，利用矩形选框工具使这个纹理区域成为选区，如图 12-19 所示。

图 12-19

按 Ctrl+J 组合键复制图层，然后将图层 2 移到最上方，如图 12-20 和图 12-21 所示。

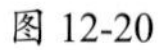
图 12-20

图 12-21

按 Ctrl +T 组合键，拖动边框，使该纹理区域覆盖整个画面，如图 12-22 所示。

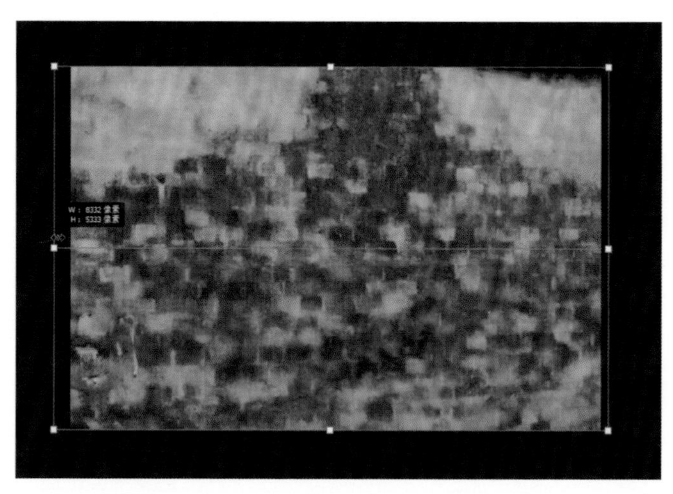
图 12-22

可以降低不透明度，如图 12-23 所示。

也可以将图层混合模式由“正常”改为“正片叠底”直接进行图层叠加，如图 12-24 和图 12-25 所示。

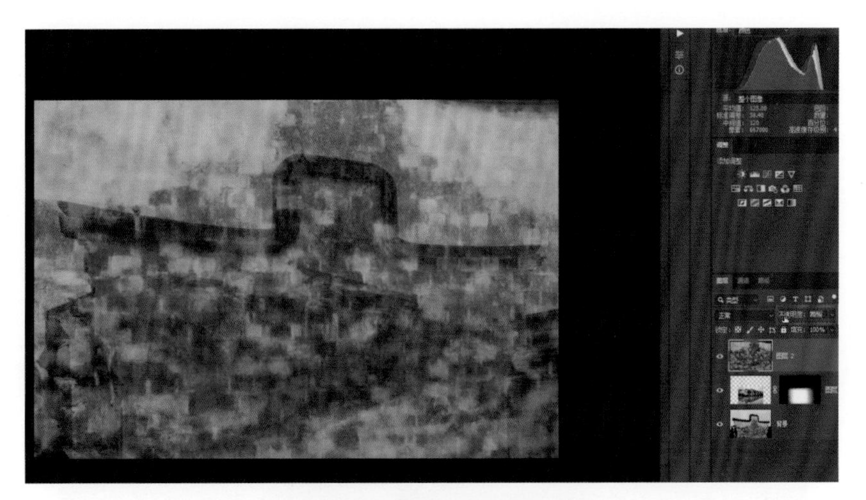

图 12-23

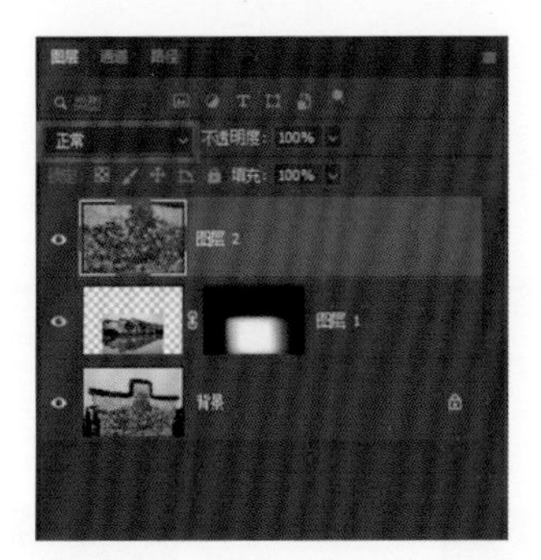

图 12-24

图 12-25

降低不透明度，如图 12-26 所示，可以看到整个画面的纹理更丰富了。

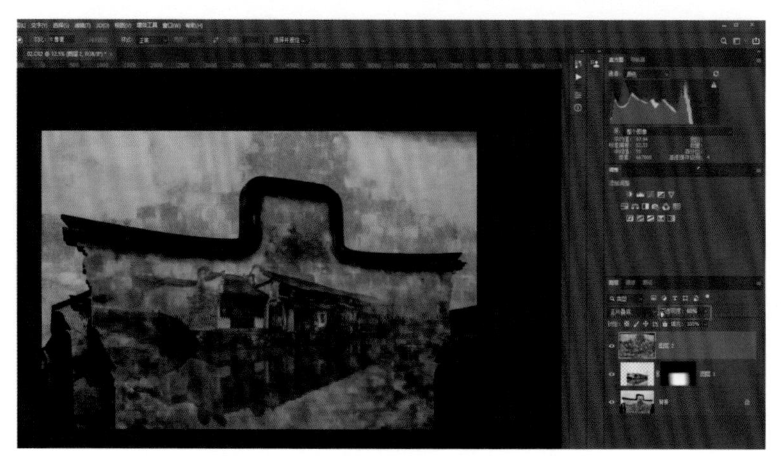

图 12-26

12.7 降低纹理的清晰度

因为纹理相对比较清晰，可能会导致主体不够突出，所以我们可以利用高斯模糊对纹理进行处理。在“滤镜”当中找到“模糊”，然后选择“高斯模糊”选项，如图 12-27 所示。

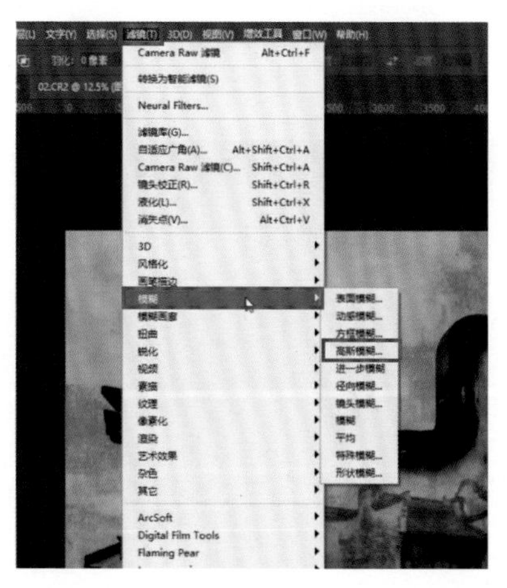

图 12-27

将高斯模糊的“半径”值设置为 30 像素左右，处理后的纹理效果如图 12-28 所示。

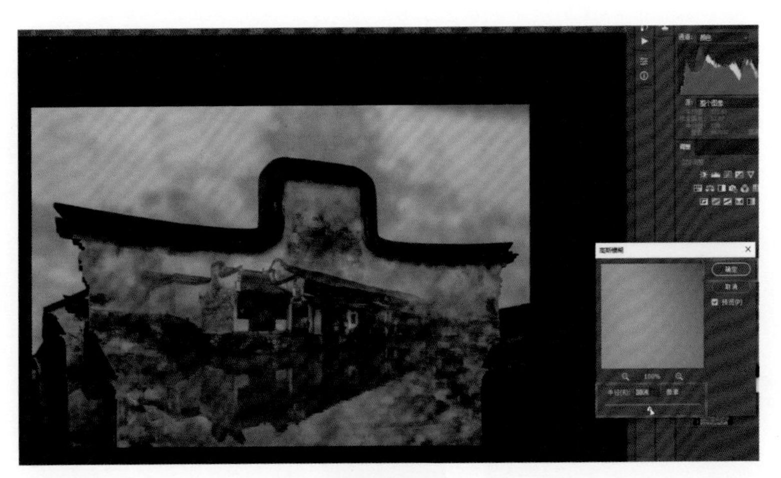

图 12-28

我们还可以移动纹理的位置，如图 12-29 所示。

图 12-29

12.8 盖印图层并进入 ACR

按 Ctrl+Shift+Alt+E 组合键盖印图层，如图 12-30 所示。

选择“滤镜”菜单中的“Camera Raw 滤镜”选项，再次进入 ACR，如图 12-31 所示。

图 12-30

图 12-31

12.9 打造复古色调

对画面整体进行调整，打造复古色调，单击“自动”按钮，然后调整“基本”面板中的参数，如图 12-32 所示。

图 12-32

12.10　利用线性渐变工具压暗天空和画面下方的区域

单击“蒙版”按钮，选择“线性渐变”选项，如图 12-33 所示，将天空压暗，如图 12-34 所示。

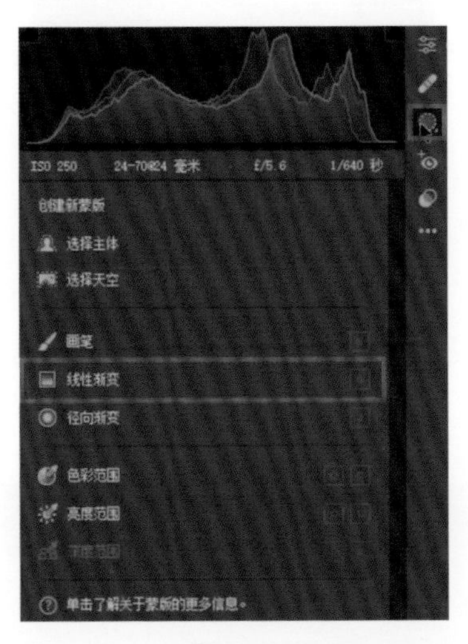

图 12-33

图 12-34

单击“添加”按钮，选择“线性渐变”，绘制出径向渐变区域后，降低“曝光”的值，把画面下方的区域压暗，如图 12-35 和图 12-36 所示。

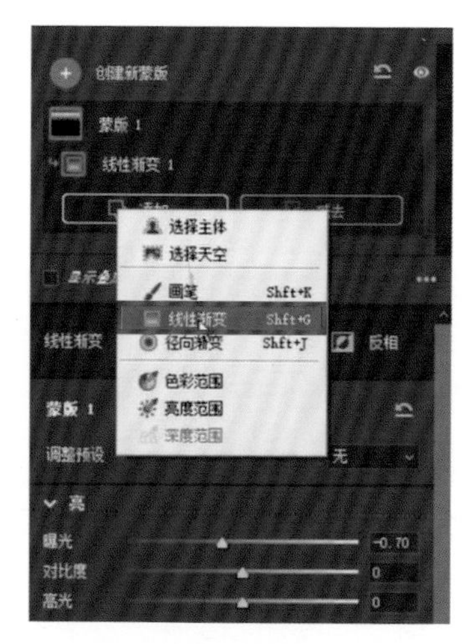

图 12-35

图 12-36

12.11 利用画笔工具压暗较亮的区域

利用画笔工具把其他较亮的区域压暗，单击“添加”按钮，从弹出菜单中选择“画笔”，然后在照片上进行涂抹，如图 12-37 和图 12-38 所示。

图 12-37

图 12-38

12.12 进入 PS 并合并图层

单击“确定”按钮，进入 PS，如图 12-39 所示。

右键单击图层空白处，从弹出菜单中选择“拼合图像”选项，如图 12-40 所示。

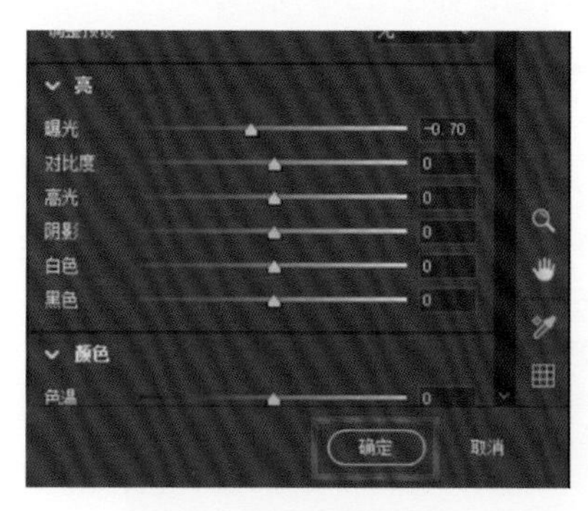

图 12-39

图 12-40

第 13 章　经典实战案例：换

本章的主题是换，即利用 PS 自带的天空替换功能更换天空。

13.1　实战案例一

本案例调整前后效果如图 13-1 和图 13-2 所示。

图 13-1

图 13-2

整体调整色调

在 ACR 中对这张照片的参数进行大致调整，如图 13-3 所示。

图 13-3

因为 ACR 中的选择天空功能只能用于调整天空效果，无法替换天空，所以只能单击“打开”按钮，进入 PS，如图 13-4 所示。

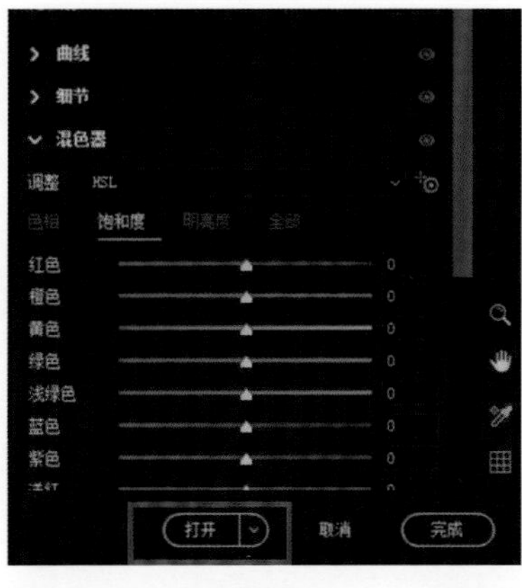

图 13-4

天空替换

在“编辑”菜单中选择“天空替换”选项，如图 13-5 所示。注意不是“选择”菜单中的“天空”选项，如图 13-6 所示，该功能只用于创建天空选区。

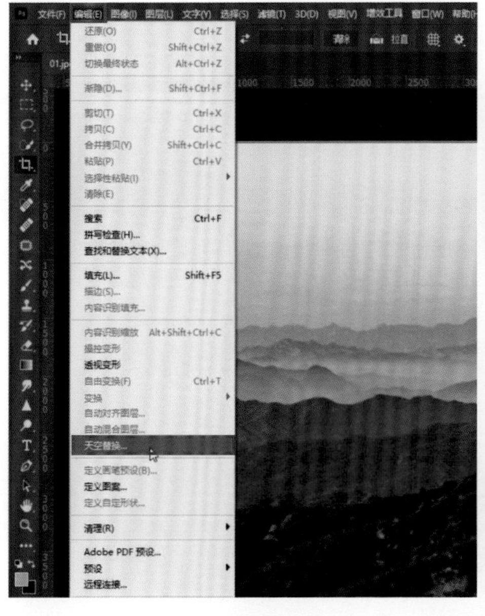

图 13-5

图 13-6

打开“天空替换”对话框，其中有“日落”“蓝天”“盛景”等分组，从中选择适合这张照片的天空效果，如图 13-7 所示。

图 13-7

替换天空后，要先看天空的光线是否正确。可以观察到这张照片的光线来自左边，而这张天空素材的光线来自右边，如图 13-8 所示。

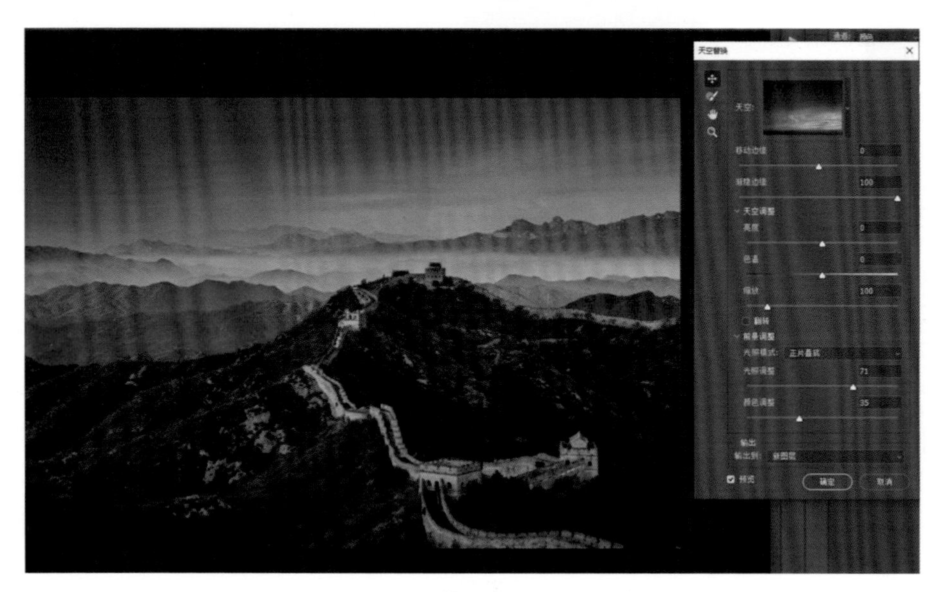

图 13-8

勾选“翻转”复选框，将天空素材左右翻转，如图 13-9 所示。

图 13-9

“天空替换”对话框左上角的“移动工具”可以对天空素材做上下左右的拖动，如图 13-10 所示。

图 13-10

“移动边缘”滑块用于控制边缘羽化过渡的情况，在正常情况下用默认值，如图 13-11 所示。

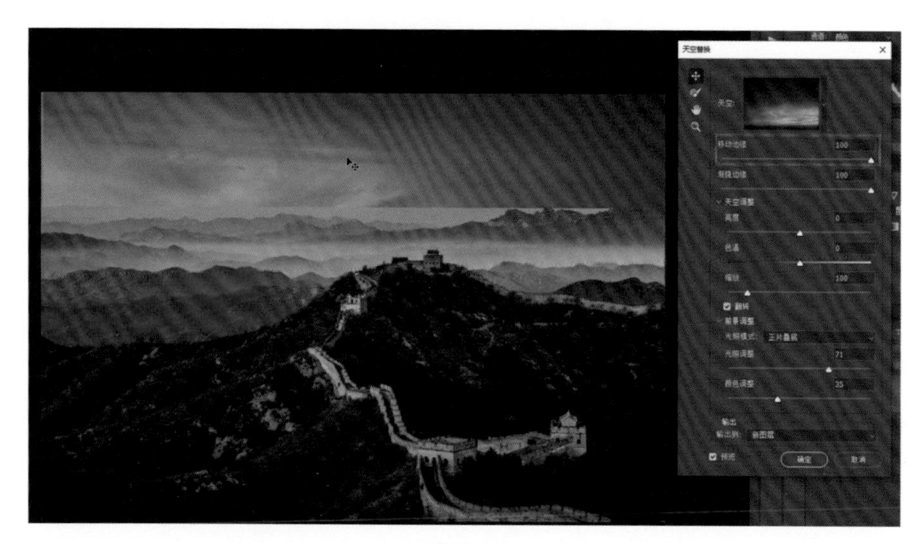

图 13-11

“渐隐边缘”也用默认值，如图 13-12 所示。

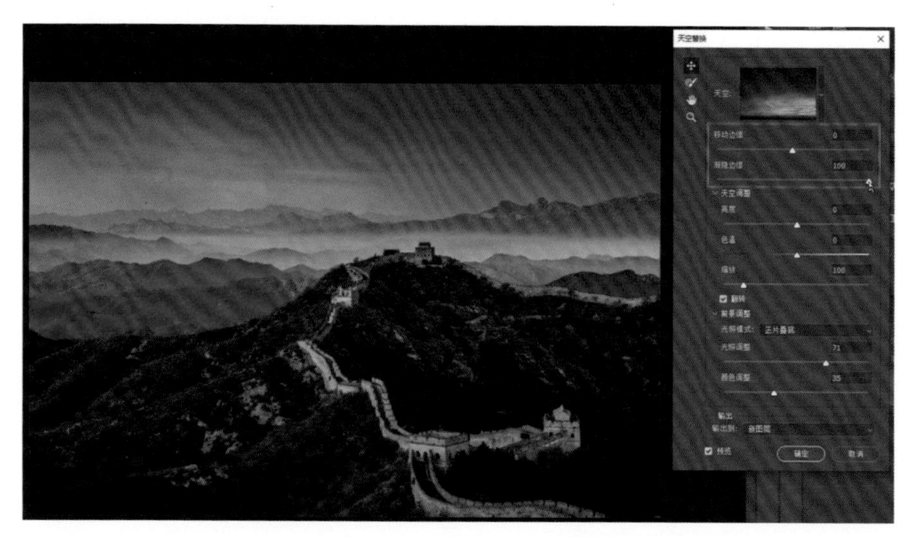

图 13-12

天空和主体的色彩一般有所不同，因此需要单独对天空的色彩进行调整。一种常见的调整方式是通过调整色温来改变天空的色彩。我们可以根据自己的需要让天空色彩偏向暖色调或冷色调。但在大多数情况下，都需要将天空调成偏冷色调的效果，移动“缩放”滑块可以调整天空的大小，一般情况下使用默认值即可，如图 13-13 所示。

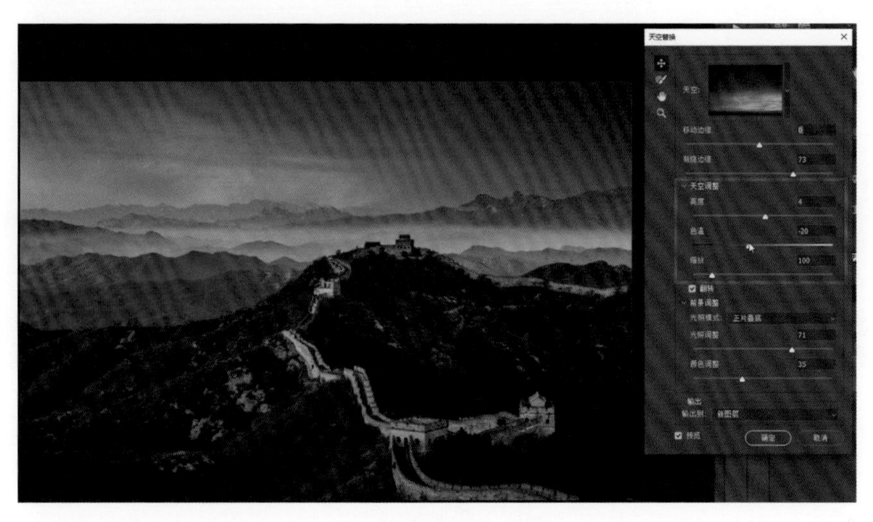

图 13-13

找到光照模式，如图 13-14 所示，将其改为“正片叠底”，如图 13-15 所示。

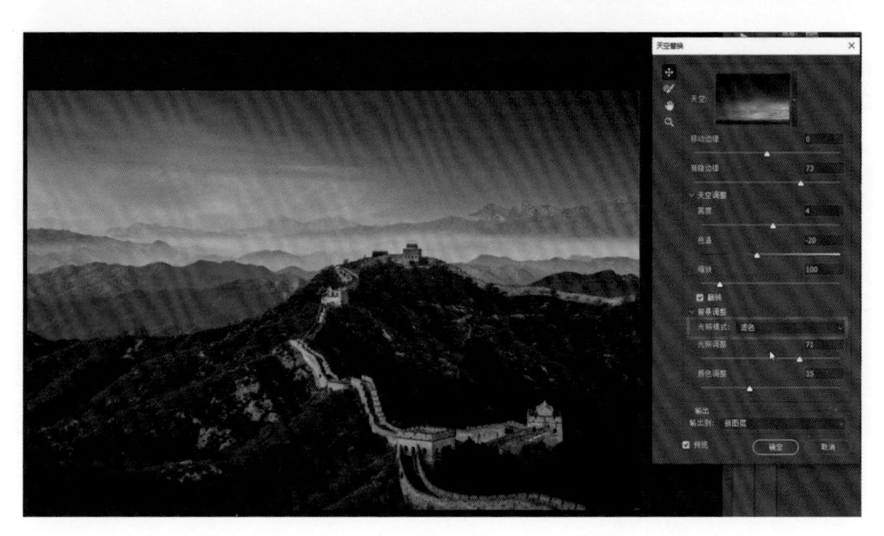

图 13-14

图 13-15

调整“光照调整”的值，一般无须修改太多“颜色调整”的值，如图 13-16 所示。

图 13-16

对天空进行模糊处理

单击菜单栏中的“滤镜”，选择“模糊”—“高斯模糊”，如图 13-17 所示。

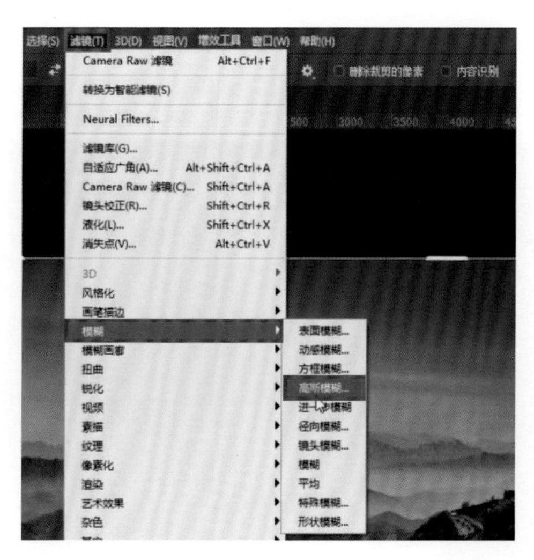

图 13-17

修改“半径”的值，单击“确定”按钮，即可完成对天空的模糊处理，如图 13-18 所示。

合并图层和添加杂色

右键单击图层空白处，从弹出菜单中选择“拼合图像”选项，即可合并图层，如图 13-19 所示。

图 13-18

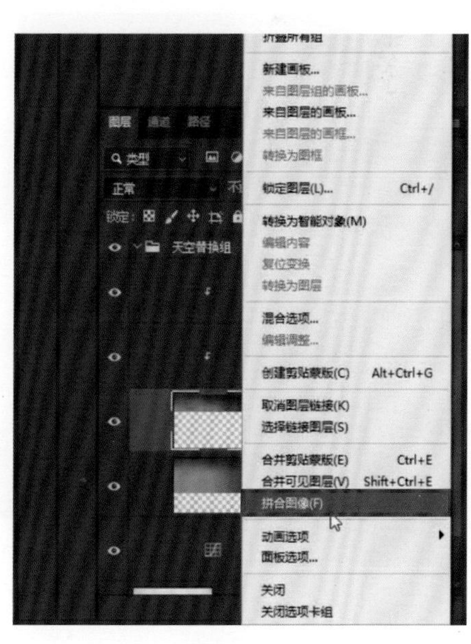

图 13-19

将鼠标指针移至在“滤镜”菜单中的“杂色”选项上，然后选择“添加杂色”选项，如图 13-20 所示。

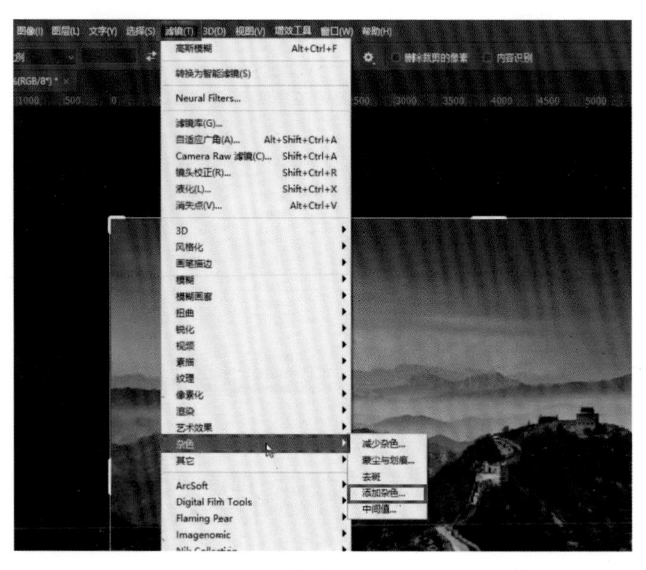

图 13-20

添加 2% 的杂色，如图 13-21 所示。

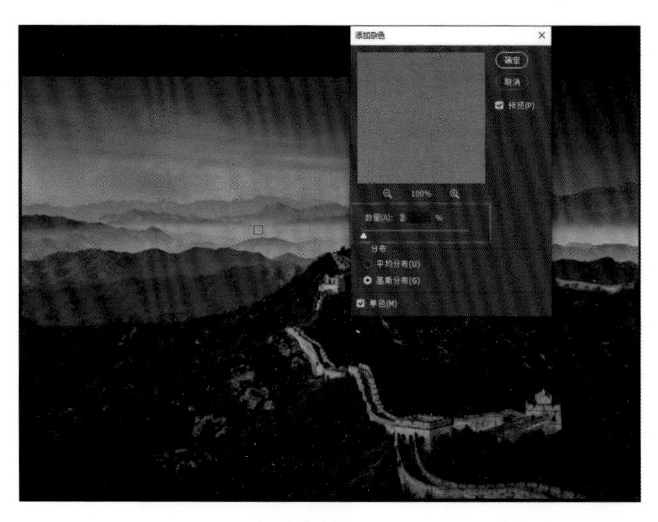

图 13-21

在完成模糊处理后，添加杂色是至关重要的步骤。通过添加微小的、类似于原始图像中存在的噪点和杂色的颜色和纹理，可以让添加的天空素材与原始图像更好地融合在一起。这样做可以使合成图像更加逼真。

13.2 实战案例二

本案例调整前后效果如图 13-22 和图 13-23 所示。

图 13-22

图 13-23

在“编辑”菜单中选择“天空替换”选项，如图 13-24 所示。

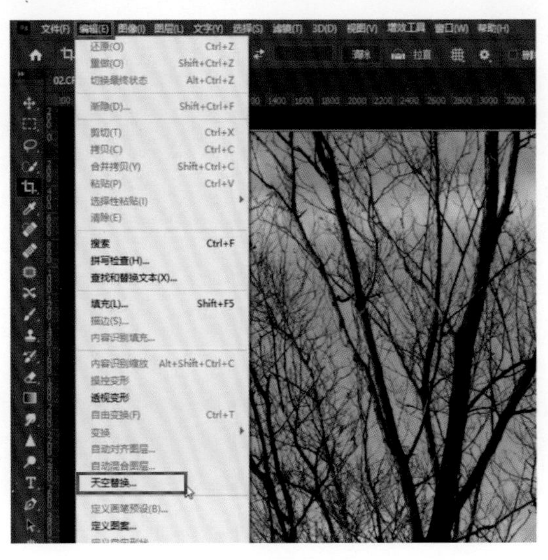

图 13-24

任意选择一张图片素材，看一下合成效果，如图 13-25 和图 13-26 所示，可以观察到合成效果还是比较自然。

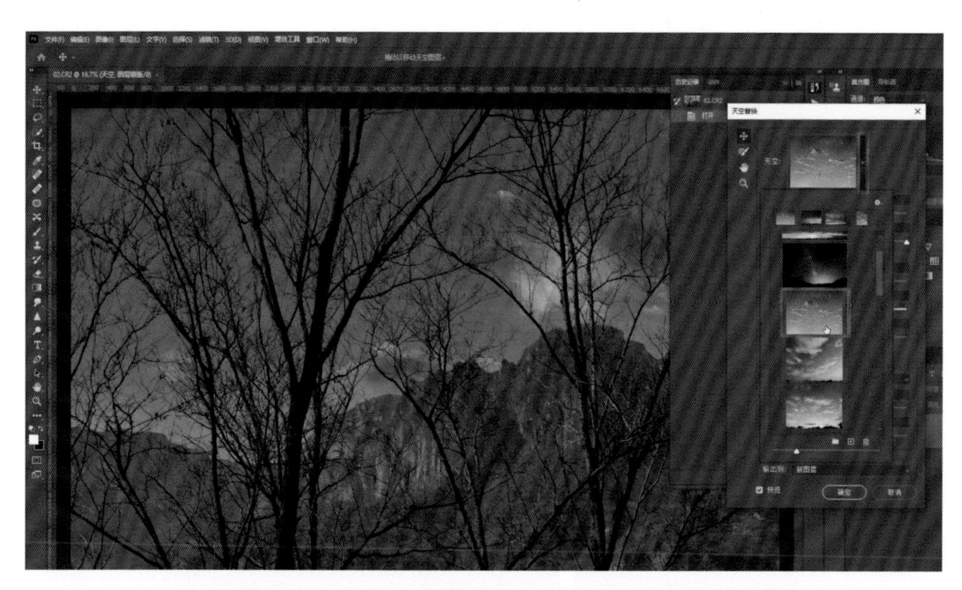

图 13-25

图 13-26

13.3　实战案例三

本案例调整前后效果如图 13-27 和图 13-28 所示。

图 13-27

图 13-28

添加素材

想要为这张照片打造绚丽的星空夜景效果，可以使用 Photoshop 自带的星空素材，也可以添加自己拍摄的星空素材，并在“天空替换”面板中创建新的分组，将其命名为“星空”，如图 13-29 所示。

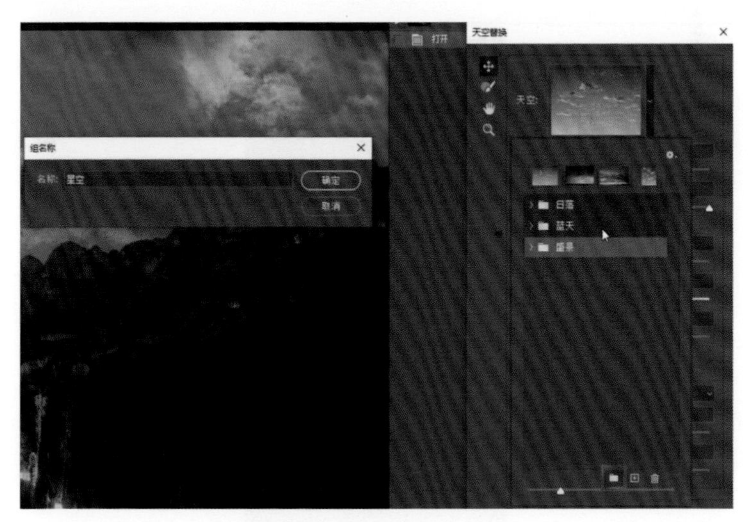

图 13-29

单击“导入天空图像”图标，即可添加自己需要的素材，如图 13-30 所示。找到需要添加的素材，然后双击，如图 13-31 所示。

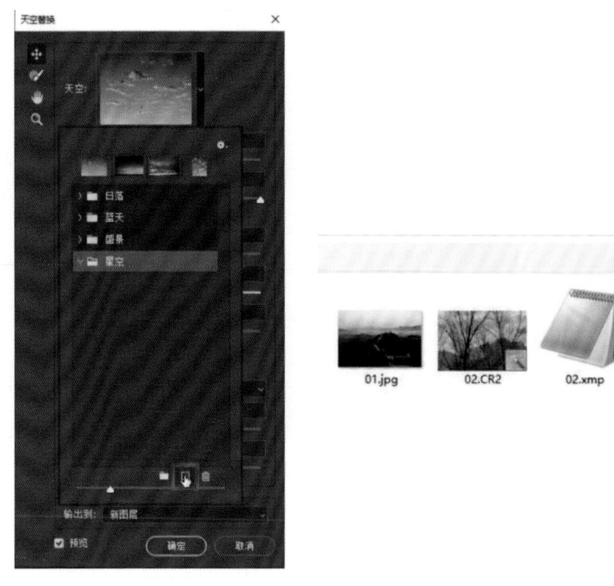

图 13-30

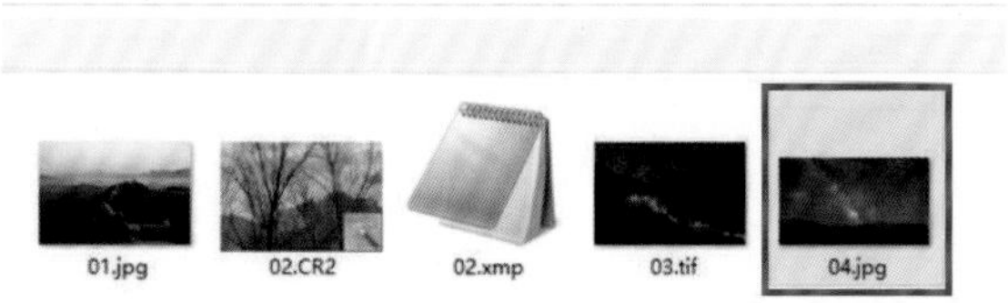

图 13-31

这张素材就被添加到新天空组“星空”中了，如图 13-32 所示。

图 13-32

天空替换

在“天空替换”面板中对星空素材进行调整，如图 13-33 所示。

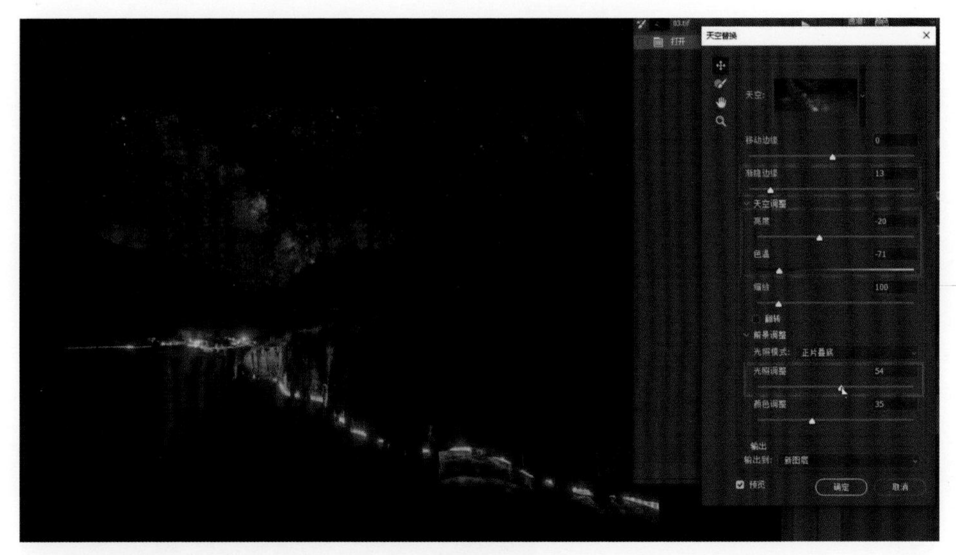

图 13-33

在进行图像处理之前，准备好相关素材非常重要。无论是美丽的晚霞还是漂亮的云彩，只要是你喜欢的素材，拍下来后就可以直接添加到素材。这样以后在进行图像处理时，就不用到处寻找素材，而是可以直接从素材库中选取。

第 14 章　经典实战案例：妙

本章的主题是妙，即让一张普通的照片具有不一样的奇妙效果。

14.1　实战案例一

本案例调整前后效果如图 14-1 和图 14-2 所示。

图 14-1

图 14-2

整体调整色调

对这张照片进行大致调整，如图 14-3 和图 14-4 所示。

将照片在 Camera Raw 中打开，单击“自动”按钮，然后调整“基本”面板中的参数，如图 14-3 所示。展开“光学”面板，勾选“使用配置文件校正”复选框，调整“扭曲度”和“晕影”参数为 100，如图 14-4 所示。

图 14-3

图 14-4

我们可以将这张照片打造成低饱和效果，在“基本”面板中降低“自然饱和度”，如图 14-5 所示。

图 14-5

调整色彩

在“混色器”面板中，降低浅绿色和蓝色的饱和度及明亮度，如图 14-6 和图 14-7 所示。

图 14-6

图 14-7

提高橙色和黄色的饱和度，如图 14-8 所示。

图 14-8

在“基本”面板中调整色温，如图 14-9 所示。

图 14-9

要想打造倒影效果，需要先把照片中的污点去掉，如图 14-10 所示。

图 14-10

校正和裁剪

在“几何”面板中，单击“自动：应用平衡透视校正”按钮，自动校正照片，如图 14-11 所示。然后把原来的水面裁剪掉，如图 14-12 所示。

图 14-11

图 14-12

增加主体暖色调

单击“蒙版”按钮，选择“选择主体”选项，如图 14-13 所示，选区如图 14-14 所示。

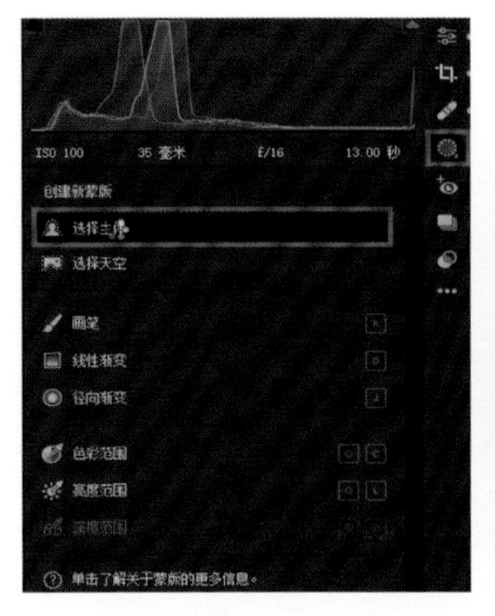

图 14-13

图 14-14

调整色温和色调，使主体的色调偏暖，如图 14-15 所示。

图 14-15

压暗天空

如果觉得天空不够暗，单击“创建新蒙版”按钮，选择“选择天空”选项，如图 14-16 所示，降低“曝光”的值压暗天空，如图 14-17 所示。

图 14-16

图 14-17

不需要主体这一块区域都是暖色调，可以用线性渐变工具进行调整。单击“减去”按钮，从弹出菜单中选择“线性渐变”，如图 14-18 所示，然后在主体底部绘制线性渐变，如图 14-19 所示。

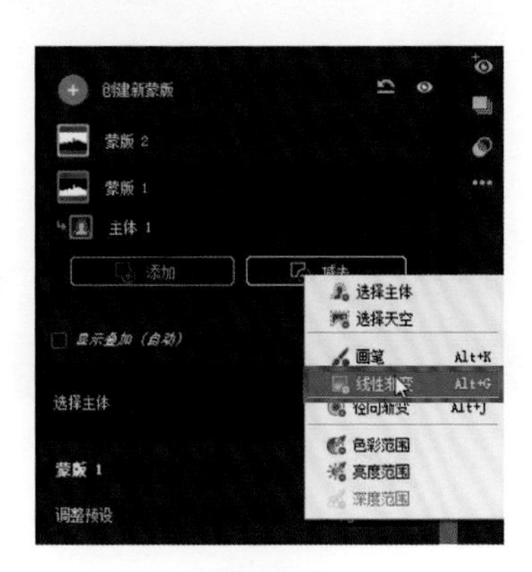

图 14-18

图 14-19

可以看到画面还是有污点，再次利用污点去除工具把污点去掉，如图 14-20 所示。

图 14-20

单击“打开”按钮进入 Photoshop，如图 14-21 所示。

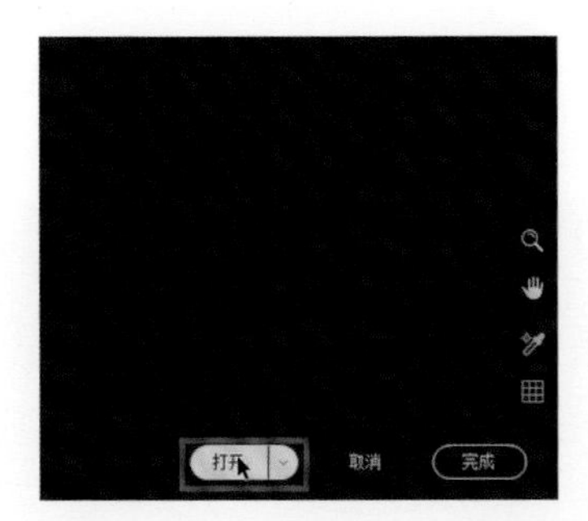

图 14-21

复制图层

双击解锁背景图层，弹出“新建图层”对话框，单击“确定”按钮，如图 14-22 所示。

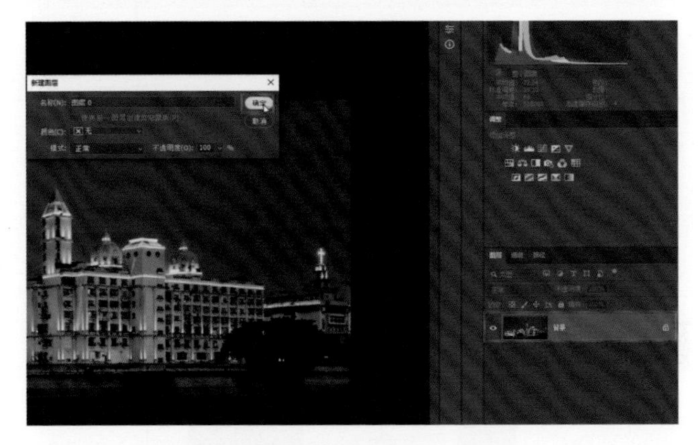

图 14-22

按 Ctrl+J 组合键复制图层，如图 14-23 所示。

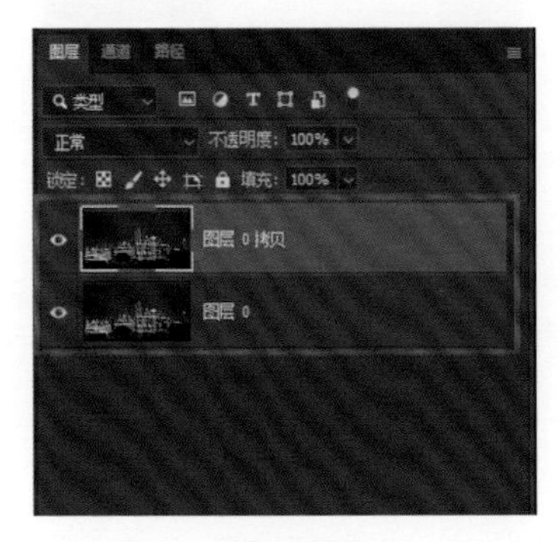

图 14-23

增加倒影

找到裁剪工具，选择 1:1 的构图，往下拉拓展画布，如图 14-24 所示。

图 14-24

将鼠标指针移至“编辑”菜单中的“变换”选项上，然后选择“垂直翻转”选项，如图 14-25 所示。

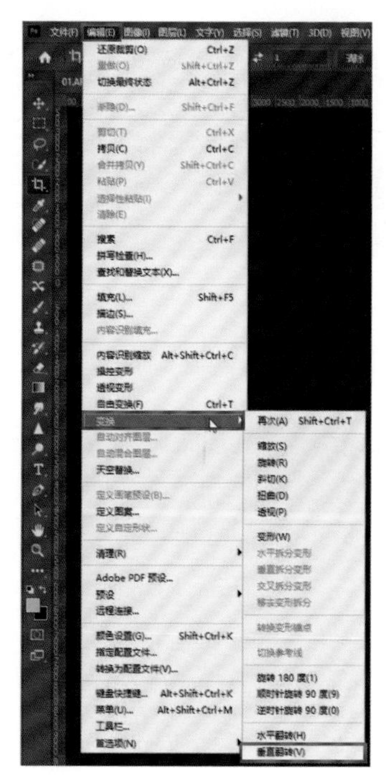

图 14-25

用移动工具将这张照片往下拖动，如图 14-26 所示。

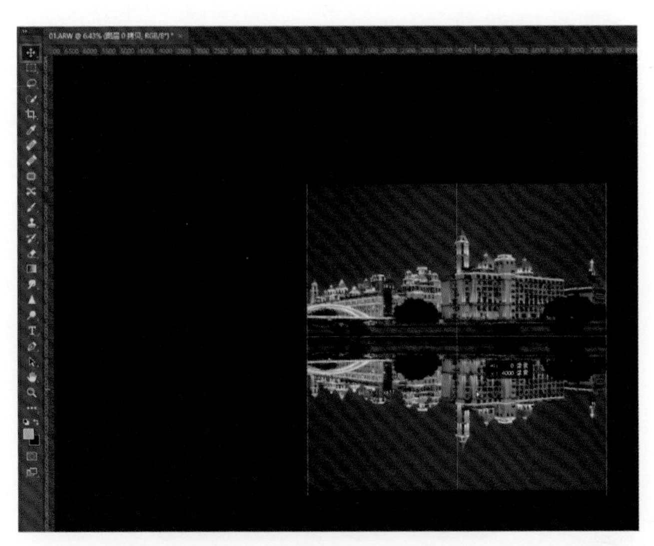

图 14-26

上下照片中间可以稍微叠加一部分，如图 14-27 所示。

图 14-27

利用渐变工具添加过渡效果

新建蒙版，如图 14-28 所示。

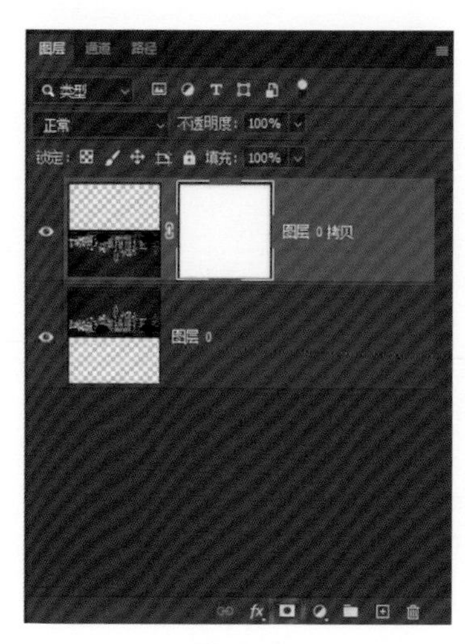

图 14-28

利用渐变工具在上下照片中间涂抹，使过渡更自然，如图 14-29 所示。

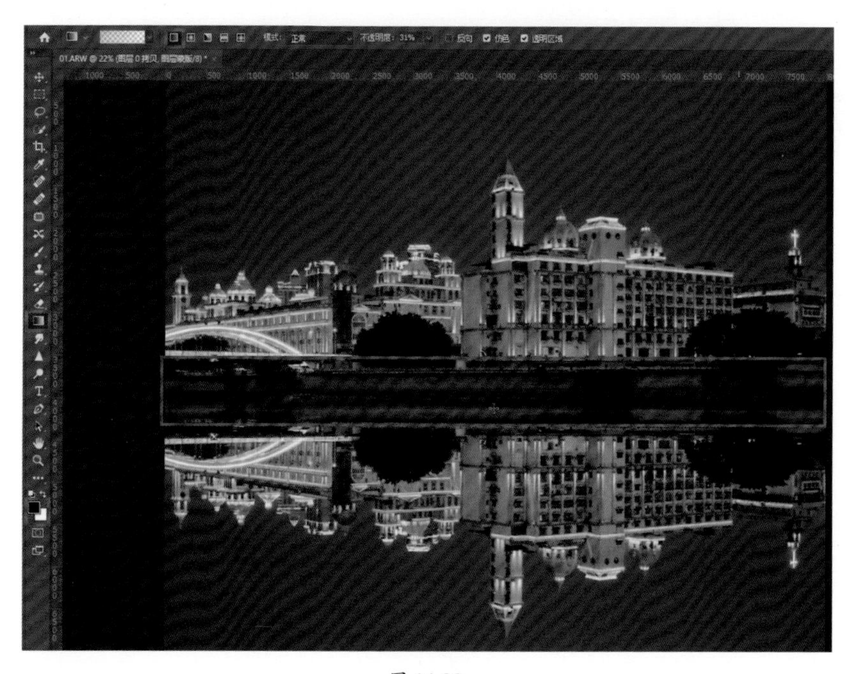

图 14-29

打造波纹效果

将鼠标指针移至“滤镜”菜单中的“扭曲”选项上，然后选择“波纹”选项，如图 14-30 所示。

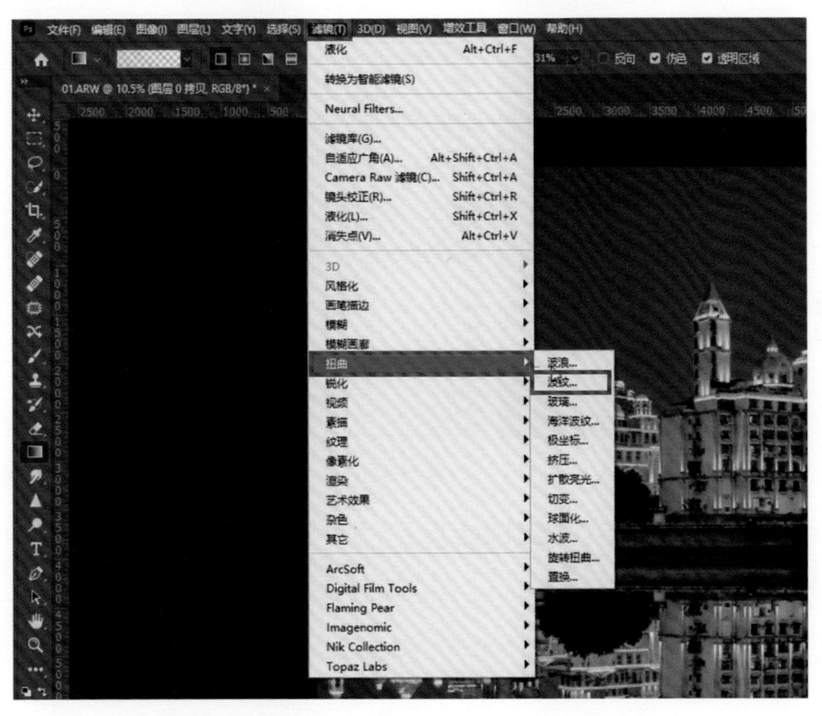

图 14-30

调整参数，并单击“确定”按钮，如图 14-31 所示。

图 14-31

这时的波纹效果不太理想，还需要对其进行调整。选择“滤镜”菜单中的“液化”选项，如图 14-32 所示。

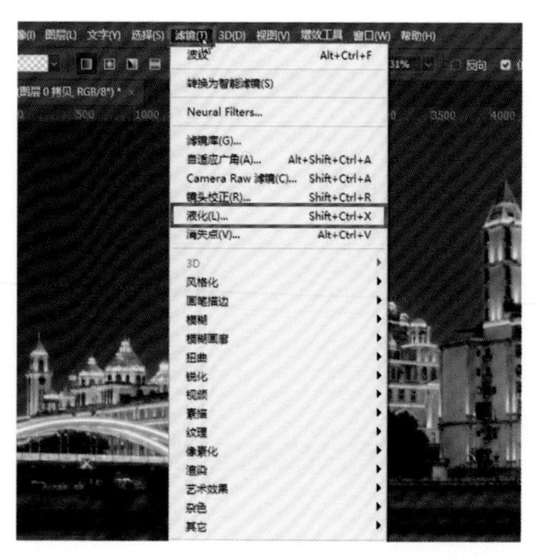

图 14-32

使用鼠标在下方照片的建筑物上点击，制作类似木纹的效果，当然弯曲的幅度不能太大，如图 14-33 所示。

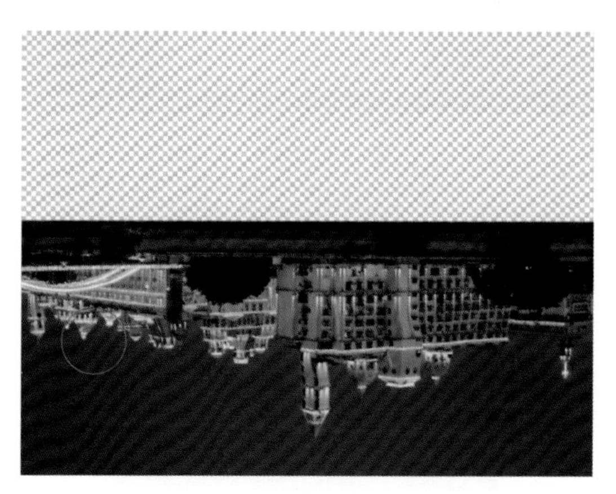

图 14-33

模拟水面光影

单击“调整”面板中的“曲线”创建一个曲线调整图层，针对水面倒影进行压暗处理，如图 14-34 所示。

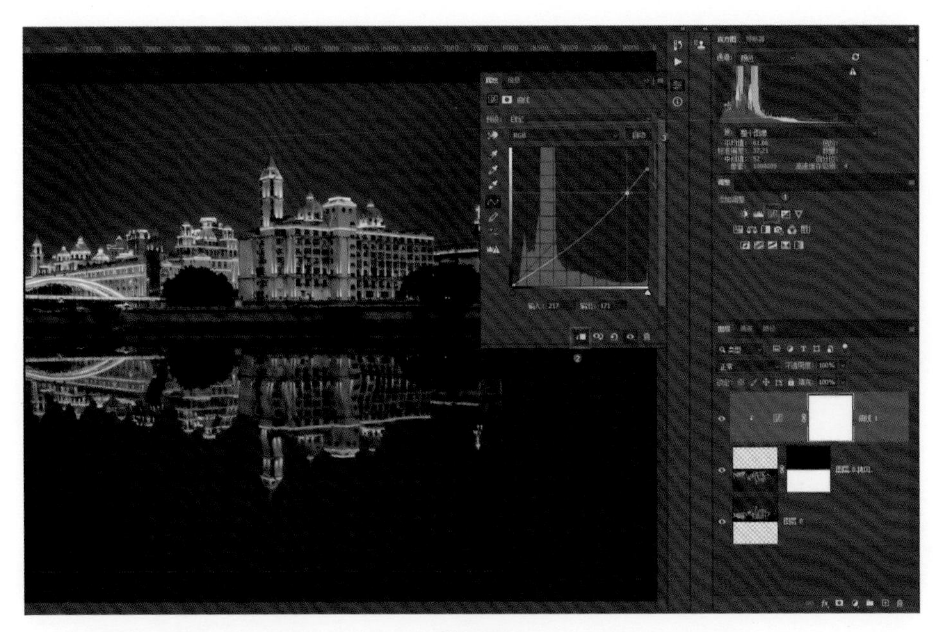

图 14-34

这个时候可以根据我们的需求提亮小部分区域，利用选择渐变工具，利用径向渐变提亮部分区域，如图 14-35 所示。

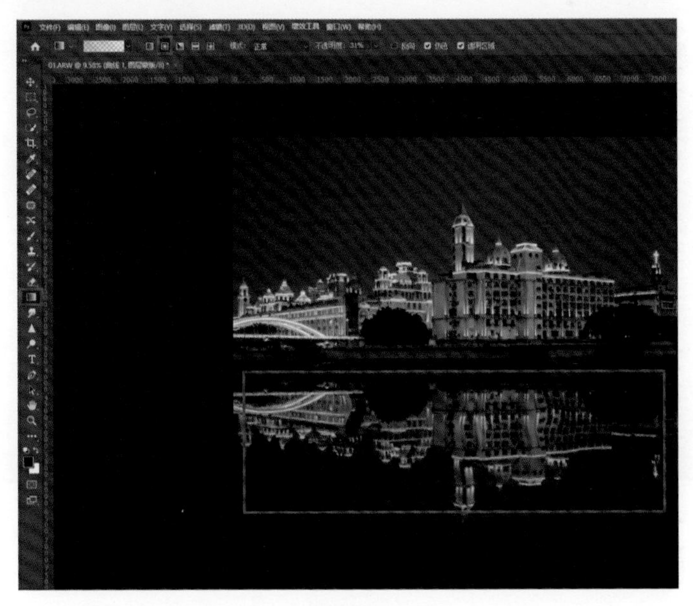

图 14-35

单击图层空白处，从弹出菜单中选择“拼合图像”选项，合并图层，如图14-36所示。

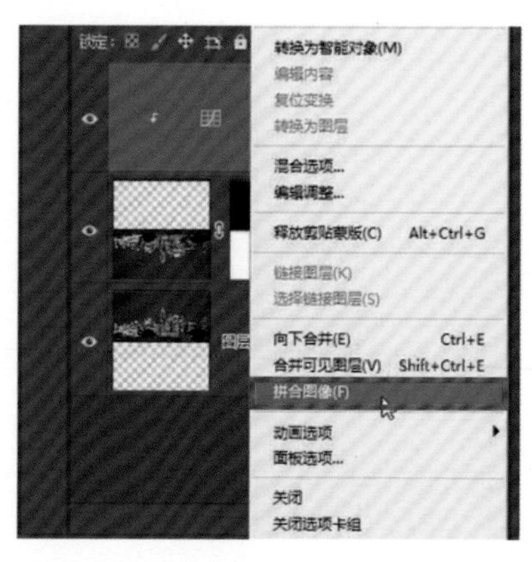

图 14-36

在ACR中调整色调

回到ACR中对参数进行微调，如图14-37所示。

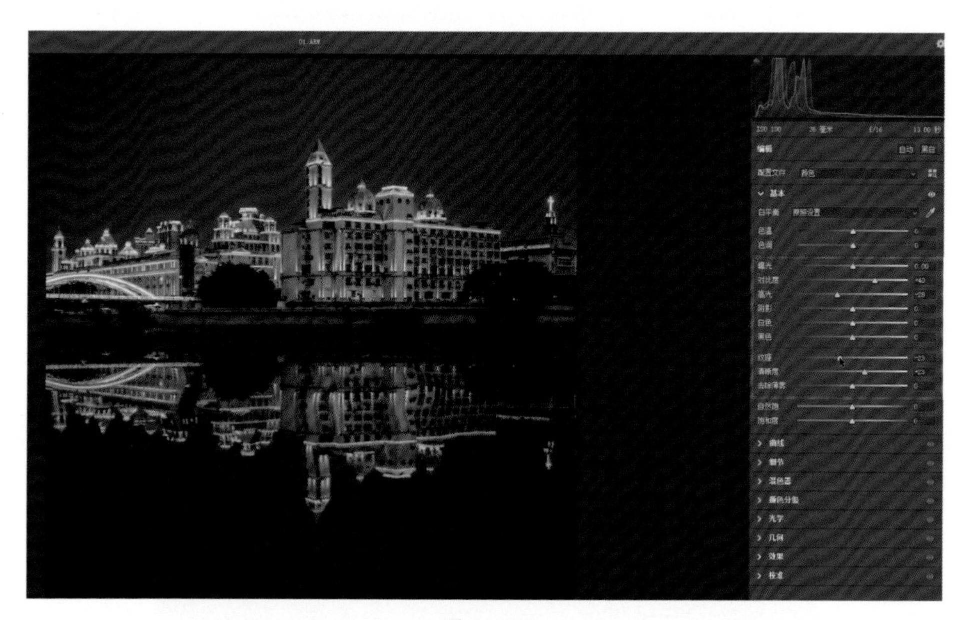

图 14-37

也可以降低浅绿色和蓝色的饱和度，如图14-38所示，当然，是否进行此操作需要根据自己的需求决定。

图 14-38

展开“效果”面板，稍稍提高“颗粒”的值，如图 14-39 所示，这样就调整完毕了。

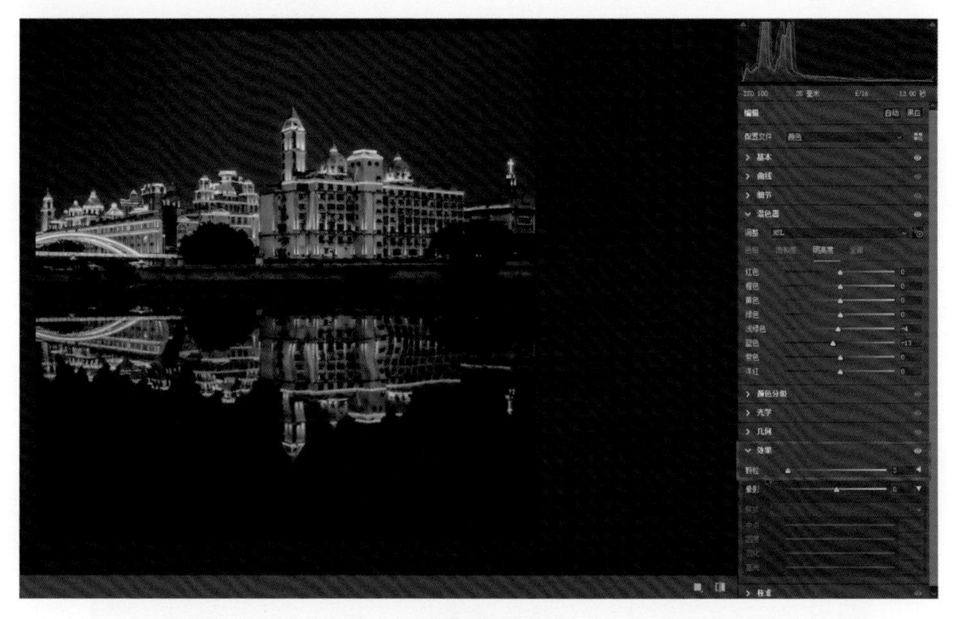

图 14-39

14.2 实战案例二

本案例调整前后效果如图 14-40 和图 14-41 所示。

图 14-40

图 14-41

整体调整色调

将照片在 Camera Raw 中打开，单击“自动”按钮，然后调整“基本”面板中的参数，对照片进行大致调整，如图 14-42 所示。

图 14-42

删除色差和适当裁剪

在“光学”面板中勾选“删除色差”复选框，提高“紫色”的值，目的是去除紫边，如图 14-43 所示。

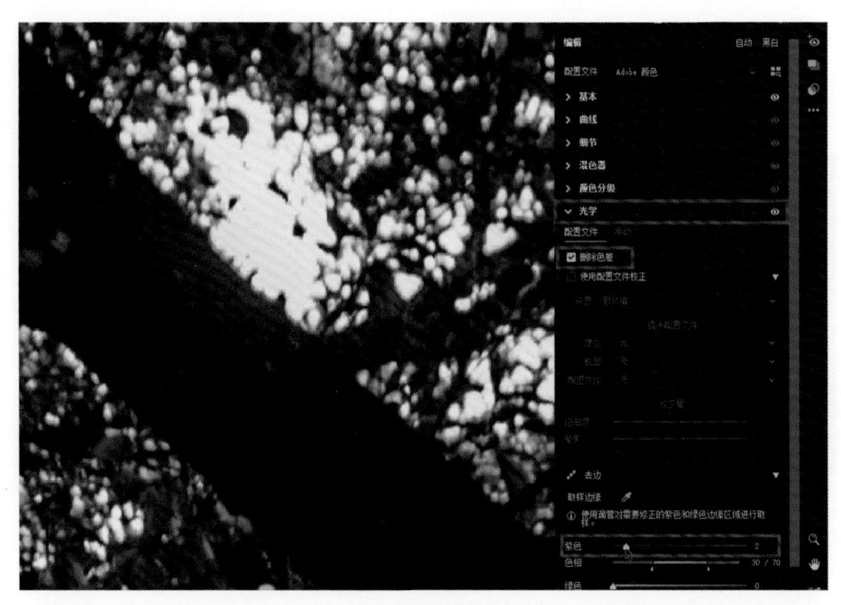

图 14-43

把下方多余的部分裁剪掉，如图 14-44 所示。

图 14-44

复制图层

单击“打开”按钮，进入 PS，如图 14-45 所示。

双击解锁图层，然后复制图层，如图 14-46 所示。

图 14-45

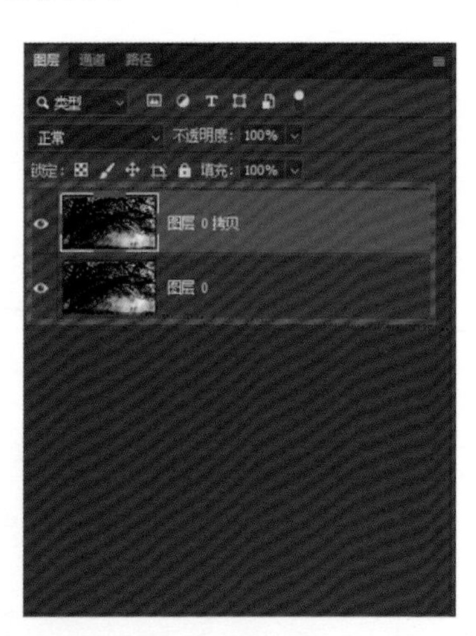

图 14-46

增加倒影

用裁剪工具调整构图，如图 14-47 所示。

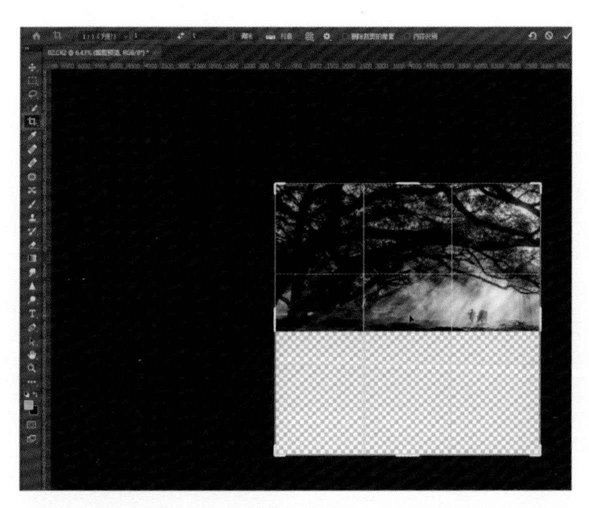

图 14-47

将鼠标指针移至“编辑”菜单中的“变换”选项上，然后选择“垂直翻转”选项，如图 14-48 所示。

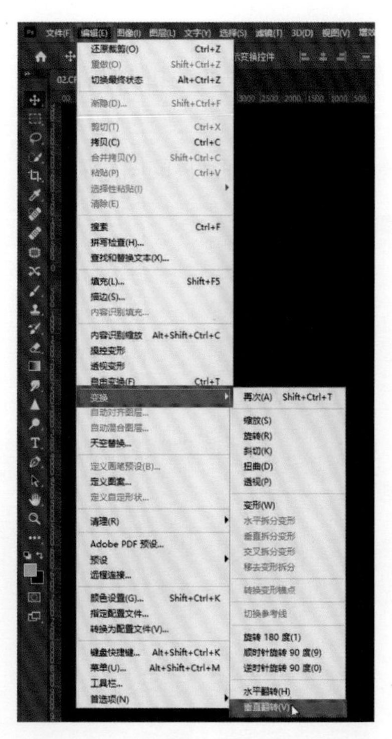

图 14-48

拖动拷贝的图层到倒影的位置，如图 14-49 所示。

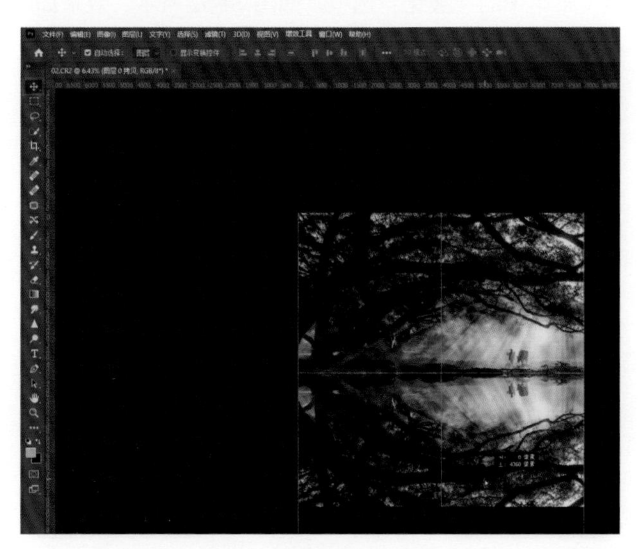

图 14-49

打造波纹效果

将鼠标指针移至“滤镜”菜单中的“扭曲”选项上，然后选择“波纹”选项，如图 14-50 所示。

调整参数，应用滤镜之后，可以将拷贝的图层往上移一点，如图 14-51 所示。

图 14-50　　　　图 14-51

选择“滤镜”菜单中的“液化”选项，如图 14-52 所示，效果如图 14-53 所示。

图 14-52

图 14-53

压暗倒影

单击“调整”面板中的“曲线”，创建曲线调整图层，压暗拷贝图层下方的倒影，如图 14-54 所示。

图 14-54

将前景色设为黑色，利用径向渐变工具稍微提亮主体，如图 14-55 所示。

图 14-55

在ACR中调整色调

合并图层，进入 ACR，在“滤镜”菜单下选择“Camera Raw 滤镜”；如图 14-56 所示。

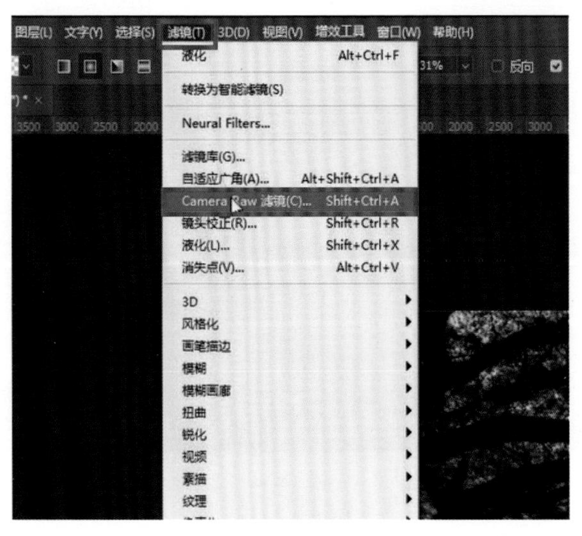

图 14-56

在“基本”面板中对整体再做大致的调整，如图 14-57 所示。

图 14-57

利用径向渐变制作暗角

制作暗角，让主体更加突出，单击“蒙版”按钮，选择“径向渐变”，如图 14-58 所示，在照片中绘制出径向渐变选区后调整“亮”面板中的参数，如图 14-59 所示。

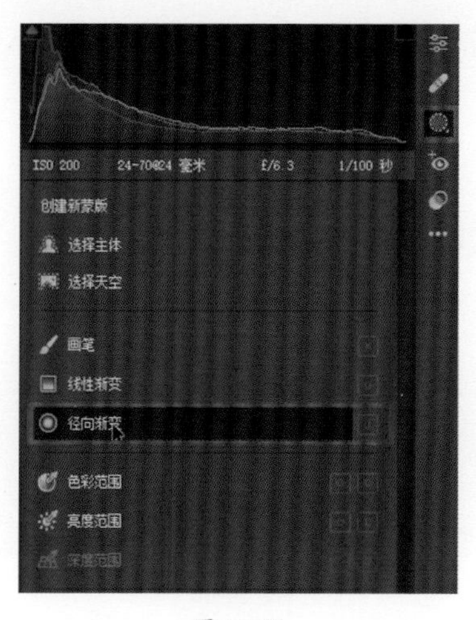

图 14-58

图 14-59

打造暖色调

展开“颜色分级”面板，选择“中间调”，将色轮上的光标向右上方拖动，打造暖色调，如图 14-60 所示。

图 14-60